理工系のための 電気工学の基礎

九州大学名誉教授
工学博士
入江冨士男著

— 2001 —

東京
株式会社
養賢堂発行

序

この本は大学の理工系学生一般を対象とした教科書，ないしは参考書として書かれたもので，著者の九州大学工学部における講義の原稿に加筆，訂正したものである．これはまた，その内容を適当に取捨すれば，高専の教科書に用いてもよいであろう．

電気工学の発展にともなって，工学あるいは理科系の他の分野でも，電気工学の成果を利用することが段々多くなってきた．例えば，モータ，変圧器等の利用はいうまでもなく，電気的測定，殊に最近の真空管又はトランジスタ等を利用する各種の物理量や化学量の測定，電子計算機や自動制御における各種の電気回路，等々における電気装置の利用がそれであるが，さらにまた，機械系を電気的等価回路で考えるというような，回路理論自体の利用さえも取り上げられるようになってきた．この様な情勢のもとで，理工系の多くの分野が従来より一層多くの，あるいは，より高度の電気工学の知識を必要とするようになり，これはむしろ基礎教養の性格をおびるようになってきた．ところで，電気はややもすれば，専門以外の人等から敬遠されがちであるが，これは他の分野になじみのない回路理論をその基礎とするからである．電気工学を理解して利用しようとするには，まずこの回路理論に十分なじむ必要があるが，従来の電気工学一般についての参考書には，この基礎の部分の記述がたりないように感じられる．

この本は以上のような事情を考慮に入れてまとめられたもので，重点は電気回路の理論に置かれ，第2章で直流回路を，第4章で交流回路をのべている．回路の理論はその成り立ちを電気磁気学に求めなければならないが，この部分を回路の部分の理解に必要なだけの範囲に切りつめて，第1章および第3章でのべている．しかし，全体の理論的つながりは成るべく切らず，一貫した体系として理解されるように配慮されている．従って，順次最後まで読み終えて，初めてこの意図が達せられるのであるが，教科書としては，これに十分な時間がかけられない場合もあるであろう．このような場合は第2

章と第4章だけを選ぶことにし，その中の不明な述語等については，省いた章の中の必要な個所だけを拾い上げるようにしてもよいと思う．なお，文中小さい文字で書いた部分は，参考事項やより立入つた説明をした部分で，省略しても本文の筋道の理解には影響がない．

もし，読者諸士が電気理論の体系を概観し，これを活用する上に，この本がいくらかでも役立つことがあるとすれば，それは著者の大きな喜びである。

この本ができたのは，九州大学辻教授の御勧め，並びに養賢堂社長及川氏の御熱意のおかげであり，両氏に心から御礼申し上げる．また，山藤助教授からは内容について種々の御意見を戴いた。原稿の浄書に労を惜しまれなかった方々とあわせて，その御厚意に感謝する次第である．

昭和 38 年 1 月

著者しるす

目　次

―― 目次終り ――

第1章　静電気

1·1　電　荷

帯　電　ガラス棒を乾いた絹布でこすると，こすった部分はどちらも近くの軽い物体を引きつけるようになる．この場合，ガラス棒および絹布には摩擦によって電気（electricity）が起こった，または，これらは帯電した，といい，このような現象のもとになるものを電気という．摩擦電気（triboelectricity）はこの他にもいろいろな物質のいろいろな組合わせで起こる．摩擦電気は日常生活にも多く見られる．ナイロン製下着等をぬぐ時，パチパチといったり火花を出したり，またぬいだ後の下着を体に近づけたり下着同志を近づけたりすると，吸引したり反撥したりすることがあるが，これは電気が起こったためである．電気はまた摩擦以外にも種々の方法で起こすことができる．

電　荷　上述の，物体を引きつける力が強い場合は，電気の量が多いと考えるべきであるが，この電気の量を電荷（electric charge）という．実験によれば，電荷の間の力は吸引と反撥の2通りしかなく，このことから，電荷には2通りあり，同種のもの同志は相反撥し，異種のもの同志は吸引することがわかる．この2種を「＋」および「－」の符号をつけて表わすと，後の数式的取扱いに便利である．例えば，同じ場所に $+Q_1$ の電荷と $-Q_2$ の電荷が同時にある時は，その作用は Q_1-Q_2 なる電荷がある時と全く同じである．つまり，電荷にこのような符号をつけておけば，幾つかの電荷が同時に存在する時は，それらの代数和を考えればよいことになる．電荷の符号は最初どれかについて約束しておかねばならないが，昔からの約束に従えば，上述の例では，ガラスの電荷が正で絹布の電荷が負になる．

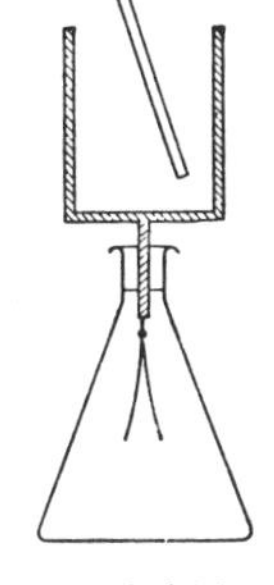

第1·1図

電荷の測定　昔は直接その電荷による力を利用して測定

していた．すなわち，第1·1図に示す金箔検電器（gold leaf electroscope）のように，開くことのできる軽い2枚の金箔に電荷がたまると，それらが互に反撥して開き，その角度が電荷によって異なることを利用したもの，あるいは，同様に電荷の力を利用して，吊線につるした導体の回転の角度で測るもの等である．しかし最近は電子装置により，電荷の力を利用することなしに，微少な電荷まで手軽に測ることができるようになった．

1·2 導体，絶縁物および電荷の保存

導体および不導体 ガラス棒の中の離れた2点にそれぞれ同じ量の正および負の電荷を置いても，それらは互に吸引はするが，移動することはない．ところが，銅について同様なことをすれば，正負の電荷は打消し合ってなくなってしまう．これは銅の中で電荷の移動が行なわれて，電荷が中和したためである．このように，物質の中で，電荷が移動できるようなものとできないものとある．前者を導体（conductor）または導電体（electric conductor），後者を不導体（non-conductor）または絶縁体（insulator）という．ところで，電荷の移動ができるとかできないとかいっても程度の問題であり，そのどちらに属すべきかははっきりしない場合も多いのであるが，導体とか不導体とかは，それぞれ両極端の場合を定性的に表わしたものである．例えば，真空，空気，ポリエチレン，ガラス，エボナイト，油等は不導体で，金属，黒鉛，塩類の水溶液，水分を含んだ木材等は導体である．導体を絶縁物で隔てて，その導体間の電荷の移動を妨げることを，絶縁する（insulate）という．

電荷の保存 第1·2図に示すように，最初互に絶縁された2つの導体A，Bに，それぞれ Q_1, Q_2 の電荷がある時，これらを細い導線（lead wire）（導体の線）Cでつなげば，その導線を通じて電荷の移動が生じ，各導体の電荷は変化してそれぞれ Q_1', Q_2' となる．しかし電荷の移動がこの2つの導体の間

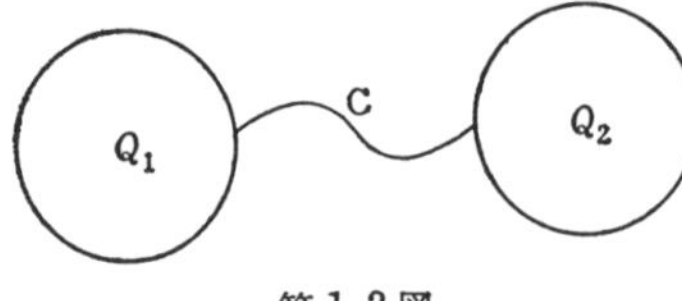

第1·2図

で行なわれている限り，その全電荷は変らない．すなわち $Q_1+Q_2=Q_1'+Q_2'$ となる．電荷の移動は水の流れと似た性質をもっており，上述のことを水で説明すれば理解しやすい．第1·3図で，最初（a）のように，容器AおよびBにそれぞれ異なった高さまで水が満たしてあり，これらをパイプでつなぐと，水は移動して（b）のように同じ高さになってしまうが，このパイプを細いものとすると，両容器の水量を合わせたものは，（a）の場合も（b）の場合も同じである．電荷はあたかも上述の液体のように，考えている範囲から外への流出がない限り，この中の全量は変化しない．流出があれば，その量だけ内部が減るという性質をもっている．この事実を電荷保存の原理（principle of conservation of electric charge）という．

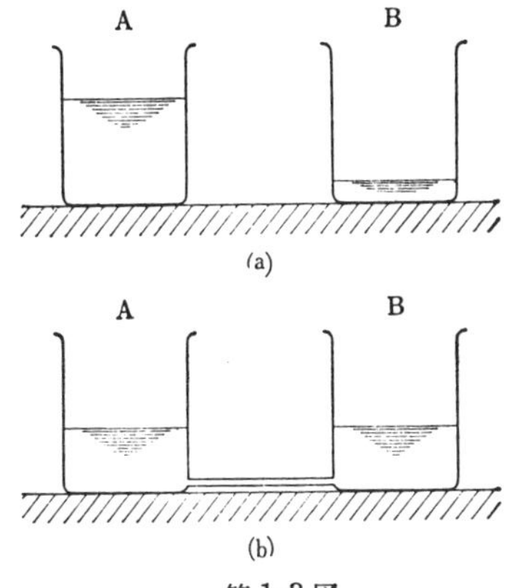

第1·3図

静電現象　上にものべたように，ある操作によって，導体の中で電荷の移動が起こることがあっても，電荷保存の原理により，移動しただけ前にあった電荷は減っているから，それを他から補給しない限り，この移動をつづけることはできないので，遂には移動が止む．静電気現象（electrostatic phenomena）とは，このような，電荷が静止した状態の電気現象のことをいうのである．電荷が移動する状態の性質については，第2章で述べる．

電気の本質　いわゆる電気現象だけを取扱う範囲では，電気あるいは電荷とは，それらの間の吸引または反撥の力，またはこれから導かれる結果等を考えるだけで十分であるが，どうして摩擦によって帯電するかとか，電荷の量はいくらでも小さい値を考えてよいのか，または次の節で述べるように，電荷が自由に移動できるような物質とそうでないのがあるのはなぜか，という問題に対しては，電荷の実体についての知識が必要になる．

物質は原子（atom）の集まりであるが，原子は1つの原子核（nucleus）とそのまわりにある幾つかの電子（electron）からできている．さらに原子核はいくつかの陽子

(proton) といくつかの中性子 (neutron) とからできているが，これらの粒子のうち，電子と陽子が電荷を有している．その電荷の量は

電子：-1.6020×10^{-19} クーロン

陽子：$+1.6020\times10^{-19}$ クーロン

で，両者の電荷の符号は異なるが大きさは同じである．電荷の単位としてはこれが最小で，これより小さい量を考えることは意味がないわけである．1つの原子中には，その核に電子の数と同数の陽子があるため，原子全体としては中性になっている．この状態では，物質は外部に何等の静電現象も示さない．従って物質が帯電するには，原子の中から電荷が引出されるか，または中に入るか附着することが必要である．これは実は電子によってなされる．原子の外側の電子は引出されやすいからである．電子が少なくなった状態が正，過剰になった時が負の帯電状態である．また，このように原子から外れて物質の中を動き得る電子があるかないかで，導体と不導体の区別が生ずるのである，なお前記の各粒子は質量をもち

電子：9.107×10^{-31} kg.

陽子：1.6725×10^{-27} kg.

で，中性子の質量は大体陽子に等しい．これによる重力はその電荷による力にくらべて非常に小さいので，物質がもつ電荷については重力を考える必要はない．

1·3 クーロンの法則

クーロンの法則 電荷と電荷の間には力が働くことは上に述べたが，これは電荷の大きさ，互の間の距離によって異なる．クーロン (Coulomb) は空気中でこれについて実験し，次の法則を導いた．すなわち，大きさそれぞれ Q_1 および Q_2 で，互の間の距離 r の2つの点電荷の間に働く力 F は

$$F=k\frac{Q_1Q_2}{r^2} \tag{1·1}$$

となる．ただし，k は比例定数である．この式をクーロンの法則 (Coulomb's Law) とよぶ．この力 F が正の時は反撥，負の時は吸引を表わし，力の方向は電荷を結ぶ直線上にある．これを第1·4図に示す．クーロンの法則は静電気現象の基礎になるもので，後にこの法則から種々の関係式を導くが，これらを用いて静電気の問題を解くことができる．

F Q_1 Q_2 F r

第1·4図

M.K.S. 有理単位系 電気的量と力学的量の間はクーロンの法則で初めて関係がつくのであるから，式 (1·1) の比例定数 k はかってに選ぶことができ，それによって電気の単位系が決まる．力学量の単位として，長さにセンチメートル，質量にグラム，時間に秒を用い，真空の場合の k を 1 とした時の電荷，つまり 1 センチメートル離れて，1 ダインの力をおよぼし合う相等しい電荷の大きさを 1C.G.S. 静電単位 (1C.G.S. electrostatic unit)の電荷と名づけ，これから導かれる単位系を C.G.S. 静電単位系 (C.G.S. system of electrostatic units) という．C.G.S. 静電単位系は古くから静電気現象の取扱いに用いられている．ところが，この単位系では，静電気現象についての関係式に 2π や 4π 等の係数がはいることが多く，また実用単位と異なるため，それらの間の換算が面倒である．さらに，力学量の単位としては C.G.S. よりも M.K.S. (Metre, Kilogram, Second) が実用的には便利である等の理由から，最近は次の MKS 有理単位系 (rationalized MKS system of units) が用いられるようになった．これは力学量にメートル，キログラムおよび秒を選び，さらに，式 (1·1) の k の真空の場合の値を $\dfrac{1}{4\pi\varepsilon_0}$ とするものである．この単位系では真空中のクーロンの法則は

$$F=\frac{Q_1Q_2}{4\pi\varepsilon_0 r^2}\ \text{ニュートン} \tag{1·2}$$

ただし

$$\frac{1}{4\pi\varepsilon_0}=8.987\times10^9\fallingdotseq9\times10^9 \tag{1·3}$$

または

$$\varepsilon_0=8.855\times10^{-12} \tag{1·4}$$

ニュートン (newton) は M.K.S. で表わした力の単位で N と略記し，1 ニュートンは 10^5 ダインである．この場合の Q_1, Q_2 の単位は実用単位「クーロン」(Coulomb, C と略記) と同じになる．ここの ε_0 は真空の誘電率と呼ばれるものである．この単位系を用いれば，関係式の多くは係数が簡単な数になり，また，この数値は実用単位系の数値に等しいから，換算の必要が

なくなり便利である．本書ではこの単位系を用いることにする．

1·4 電界および電気力線

電 界 電荷同志の間にはクーロンの法則によって吸引または反撥の力が働くことは先に述べたが，このことは次のようにいいかえてもよい．すなわち，1つの電荷は他の電荷によってできた特別な空間の状態の中にあり，この特別な状態によって力を受けるのである．このような空間の特別な状態のことを電気の場（電場）または電界(electric field）と名づける．

電界の強さ 電界の量的な表わし方として，電界の強さ（intensity of electric field）を用い，次のように定義する．

ある点の電界の強さとは，その点にもし＋1クーロンの点電荷を置いたとしたならば，それに働くであろう力をいう．力は大きさと方向をもつ量であるからベクトル量である．従って，電界の強さもベクトル量となる．

例えば，Qクーロンの点電荷からr[m]離れた点の電界の強さの大きさEは，式（1·2）で $Q_1=Q$ および $Q_2=1$ として

$$E=\frac{Q}{4\pi\varepsilon_0 r^2} \quad [\text{ニュートン/クーロン}] \qquad (1\cdot5)$$

となり，その方向は点電荷から考察点に向う方向になることがわかる（第1·5図）．ただしEの単位［ニュートン/クーロン］は［ボルト/メートル］としてもよいことは後に示す．

2つの離れた点電荷がある時の附近の電界は，第1·6図のように，各々の電荷からの電界 E_1 および E_2 をベクトル的に加え合わせたものになる．

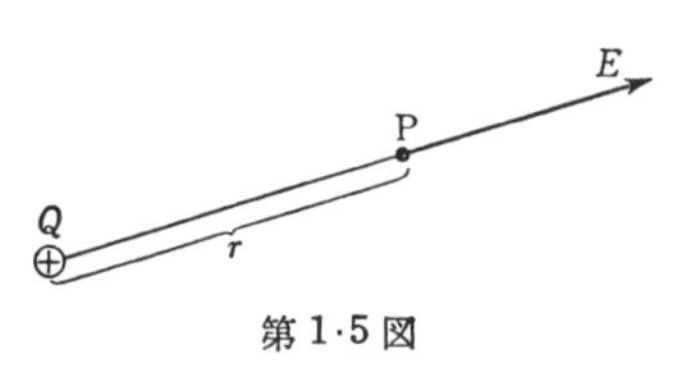

第1·5図

電気力線 電界の中にある線を考え，その接線が常にその点の電界の方向と一致するようにしたものを電気力線（electric lines of force）という．今，慣性力が無視できる位軽い物体に

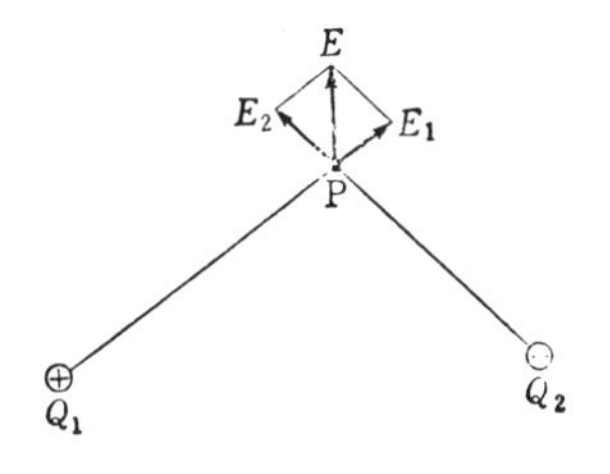

第1·6図

電荷がのっているとすれば，この物体が電界の中に置かれると，それは電界によって動かされ，その運動の軌跡は電気力線の1本に等しくなるはずである．1つまたは等しい2つの点電荷の附近の電界の模様を第1·7図に示す．

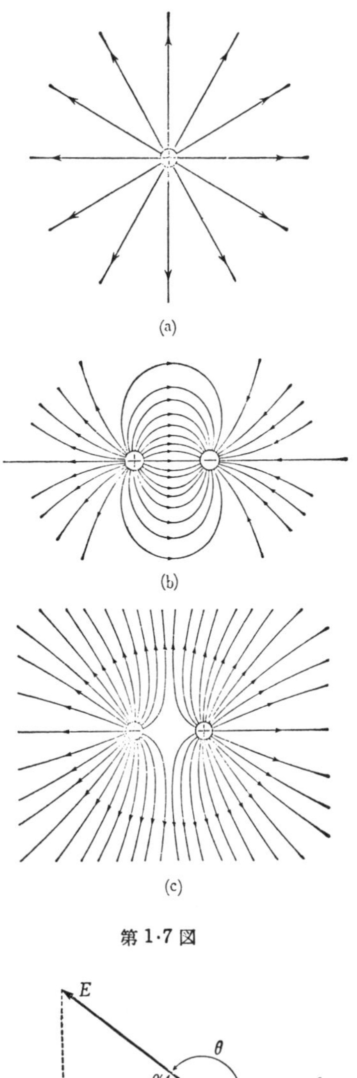

第1·7図

1·5 電位および等電位面

電　位　電界の中では電荷に力が働くから，その力に逆らって電荷をある距離動かすには仕事を要する．従って，この移動の前後の2点の間には位置のエネルギー（potential energy）の差があるといえる．今，2点 AB 間で，AからBに＋1クーロンの電荷を動かした際，V ジュール（Joule, J と略記）の仕事を要したとすると，BはAに対してV ボルト（volt, V と略記）だけ電位（electric potential）が高い，またはAに対するBの電位差（electric potential difference）はV ボルトで

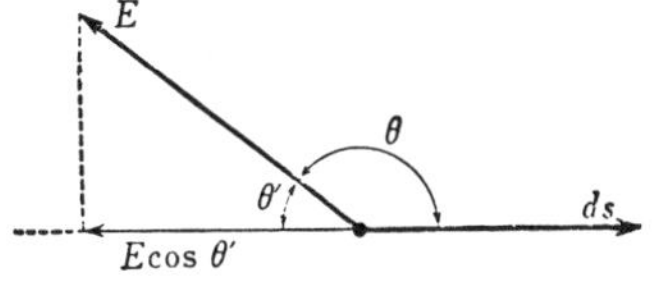

第1·8図

あるという．電位差はまた電圧（voltage）ともいう．今，微小変位 ds の方向と電界 E の方向が，第1·8図に示すような関係になっている時は，1クーロンが ds だけその方向に動くのに要した仕事 dV は

$$dV = E\cos\theta' ds = -E\cos\theta ds \qquad (1\cdot6)$$

となる．従って，第1·9図のように，AからBまで電荷を動かすとすれば，Aに対するBの電位差 V_{BA} は

$$V_{BA} = -\int_A^B E\cos\theta ds \qquad (1\cdot7)$$

となる．

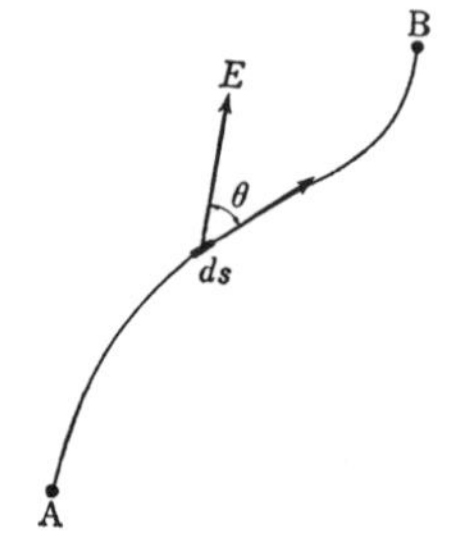

第1·9図

電位の一義性 (uniqueness of electric potential) 式(1·7)の積分はその途中の経路によって異なるかもしれない．今，もし異なるとすれば，AからBに行くのに，第1·10図に示すような AM_1B および AM_2B の任意の2通りの経路のそれぞれに対する積分の値が異なるのであるから，AM_1BM_2A なる経路の積分は零にならない．つまり，このような経路を適当な向きに一廻りすれば，エネルギーが取出せ，何度もまわればいくらでもエネルギーが出てくる筈であり，このエネルギーは電界から供給されると考えざるを得ない．ところがこのようなことは実際には起らない．従って AM_1BM_2A の積分は零，すなわち，AM_1B の積分は AM_2B の積分に等しくなければならない．結局，式(1·7)の積分はその途中の経路いかんによらず，A, B が定まれば一定の値を与えることがわかる．従って，A点として適当な点を選べば，これに対する他の任意の点の電位は一義的に定まることになる．このA点すなわち基準となる点としては，普通無限遠点を選ぶ．

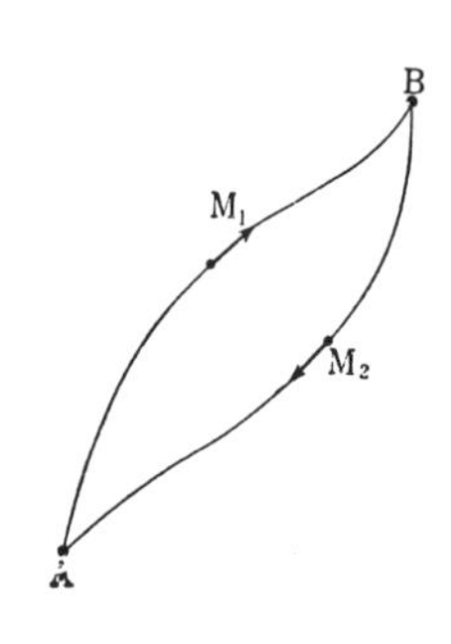

第1·10図

電位の微分 電界が場所の関数として与えられた時は，これを $V(x, y, z)$ とすれば

$$E\cos\theta = -\frac{dV(x, y, z)}{ds} \qquad (1\cdot8)$$

なる式で電界が電位から求まることは，式(1·7)からわかる．直角座標についての電界の各成分 E_x, E_y, E_z は上式から

$$E_x=E\cos\theta_x=-\frac{dV(x,y,z)}{dx},\quad E_y=E\cos\theta_y=-\frac{dV(x,y,z)}{dy},$$

$$E_z=E\cos\theta_z=-\frac{dV(x,y,z)}{dz} \tag{1·9}$$

となる．ただし，$\theta_x,\theta_y,\theta_z$ はそれぞれ電界と x,y,z 軸とのなす角である．

等電位面　式(1·7)によれば，電界が与えられれば，各点の電位が求まるが，その中で等しい電位をもつ点を次々につらねて行けば，1つの面ができる．これを等電位面（equipotential surface）という．与えられた電界内に，一定の電位間隔でいくつかの等電位面をつくれば，電界の様子を知るのに都合がよい．

等電位面は電気力線に垂直であるという性質がある．なぜならば，もし垂直でないところがあるとしたら，その点における電界の方向と等電位面の接平面は垂直でなくなるから，等電位面上に電界の成分があることになり，従って，等電位面上に電位差がなければならぬことになり，仮定と矛盾するからである．また，2つの異なる等電位面は決して互に交わらないということは，前述の電位の一義性から明らかである．

次に，導体は表面および内部が必ず等電位面になることを示そう．今，もし導体の表面上で電位の異なる部分があるとすれば，その部分と他の部分との間には電位差があるわけで，従って，この2つの部分の間に電荷の移動が生ずる．静電気現象の範囲では，前にも述べたように，電荷の移動がなくなった状態を対象にしているのであるから，上のようなことはない筈である．従つて電位差はない．つまり導体の表面は等電位面になる．さらに，同様にして導体内部も至る所表面と等しい電位になっていることがわかる．

例題 1-1　Q クーロンの点電荷の附近の電位を求めよ．

解　この場合の電界は式(1·5)で与えられる．これを式(1·7)に入れれば，Qから r_1[m] の点における電位Vが求まる．積分の路をQとPを結ぶ直線上にとり，ds の方向を第1·11図のようにすれば，この場合

$$\cos\theta=-1,\quad ds=-dr$$

となるから

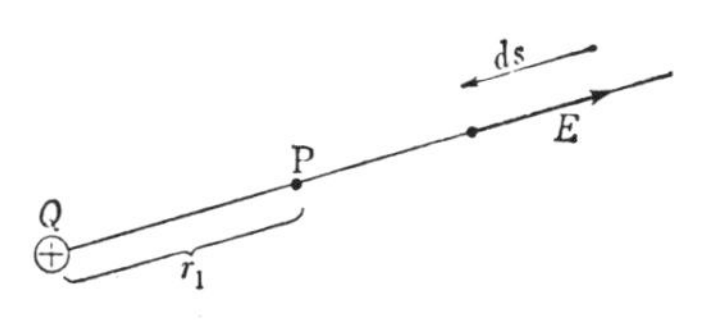

第 1·11 図

$$V=-\frac{Q}{4\pi\varepsilon_0}\int_{\infty}^{r_1}\frac{dr}{r^2}=\frac{Q}{4\pi\varepsilon_0 r_1} \tag{1·10}$$

例題 1-2　一様な面電荷密度 (surface density of charge) ($1\,\mathrm{m}^2$ 当りの電荷)$+\sigma$〔クーロン/m^2〕の無限に広い平面電荷附近の電界の強さおよび電位を求めよ．

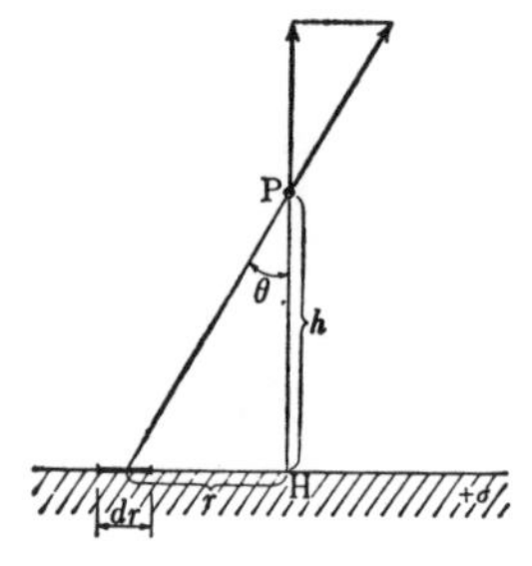

第 1·12 図

解　第 1·12 図のように，$+\sigma$ の面から h の距離はなれた点 P の電界を求めると，P 点から平面に引いた垂線の足 H から，半径 $r-(dr/2)$ および，$r+(dr/2)$ の間にある環状の電荷は $2\pi r dr\sigma$ で，この電荷の各部からの電界の和は，直線 $\overline{\mathrm{HP}}$ の方向をもつ筈であるから，結局全電界 E は

$$E=\int_0^{\infty}\frac{2\pi r\sigma dr}{4\pi\varepsilon_0(r^2+h^2)}\cos\theta$$
$$=\frac{\sigma}{2\varepsilon_0}\int_0^{\pi/2}\sin\theta d\theta=\frac{\sigma}{2\varepsilon_0} \tag{1·11}$$

となり，これは平面上の位置や高さに無関係に一定であることがわかる．H点に対するP点の電位 V_{PH} は，E を直線 $\overline{\mathrm{HP}}$ にそって積分して

$$V_{\mathrm{PH}}=-\int_{\mathrm{H}}^{\mathrm{P}}Edh=-\frac{\sigma}{2\varepsilon_0}h \tag{1·12}$$

となる．この場合は電荷が無限の遠点まで存在するから，電位の基準としては，ただ無限遠点というだけではきまらないので，別に適当な基準点を指定する必要がある．

電荷面上の一点の電位は，もちろん面の他の各部分の電荷からの電位の総計になるわけであるが，この面が無限に広い場合は，面上のどの点についても条件は全く同じになり，結局，この電荷面は1つの等電位面になり，他の等電位面は電荷面に平行な平面になることがわかる．

1·6　誘電体

誘電率　電荷と電荷の間には吸引または反撥の力が働くことは，前に真空中の問題として述べたが，絶縁物の中でもこのような現象は起こる．しかしこの場合，式 (1·2) で表わされるクーロンの法則は，次式のように改めなければならない．このことについては次の「誘電体の本質」の項で説明する．

$$F=\frac{Q_1Q_2}{4\pi\varepsilon r^2} \tag{1·13}$$

従って，点電荷Qによる電界の強さは，式 (1·5) に対応して

$$E=\frac{Q}{4\pi\varepsilon r^2} \tag{1·14}$$

となる．ここの ε は誘電率 (dielectric constant) とよばれるものである．また，

$$\varepsilon_s = \varepsilon/\varepsilon_0 \tag{1·15}$$

で表わされる ε_s を比誘電率という．ε_s は真空では 1 となり，一般に物質の種類により異なる 1 より大きい定数である．各種の物質の比誘電率の値を第 1·1 表に示す．

第 1·1 表 比誘電率

物質	比誘電率	物質	比誘電率
空気	1.000586	ポリスチレン	2.4～2.7
酸素	1.000547	ポリエチレン	2.3
水素	1.000264	ナイロン	3.5～4.0
水	80.7	紙	1.2～3.5
エチルアルコール	25.8	ソーダ石灰ガラス	6～8
変圧器油	2.2～2.4	鉛ガラス	7～10
パラフィン	1.8～2.4	石英ガラス	3.5～4.5
生ゴム	2.3～2.5	磁器	5.0～6.5
エボナイト	2.0～3.5	酸化チタン磁器	30～80
ベークライト	4.5～8	ステアタイト	5.5～7.5
塩化ビニール	3.0～3.5	白雲母	5～9

以上のように，絶縁物中でも電気現象は行なわれ，それらは誘電率で特徴づけられる．絶縁物をこのような意味で見る場合，これを誘電体 (dielectrics) と名づける．

誘電体の本質 誘電率は物質によって異なるが，これはその物質の分子構造その他に関係するものである．これについて少し説明する．式 (1·5) と式 (1·14) とを比較すれば，誘電体中では，電荷による電界が真空中の場合の $1/\varepsilon_s$ に減ることがわかるが，ではなぜ誘電体中では電界が小さくなるかを考えてみる．原子は原子核とそのまわりをまわる電子からできている．これに電界が加わらない場合は，負電荷

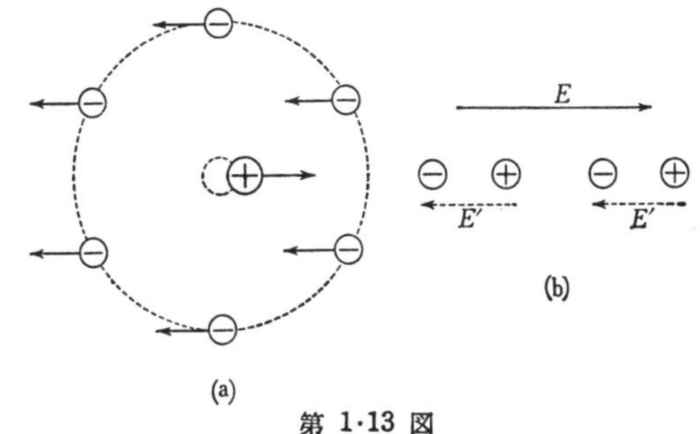

第 1·13 図

の重心と正電荷の重心とが一致して，外部から見れば電荷がないのと同じである．ところがこれに電界が加わると，正電荷が電界方向に，負電荷が逆方向に引かれる結果，第 1·13 図(a)のように原子核と電子との相対的変位が生じて，外から見ると電気的には(b)のように，正負の電荷がある小さい距離を隔てて向い合っているのと同じになる．このような状態を分極 (polarization) という．分極がある時の電界は，最初の電界Eに，分極による電荷が作る逆方向の電界 E' が加わり，$E-E'$ となり，これはEより小さいことがわかる．上述の分極を電子分極(electronic polarization) というが，この外にこれによく似た分極がある．原子自身が変位する原子分極 (atomic polarization) および原子団が一体となって変位する分子分極 (molecular polarization) がそれである．次にこれらと異なる双極子分極 (dipolar polarization) がある．これは分子の中で先天的に分極がある場合で，電界がない時は，各分子のこの分極の方向が勝手な方向を向く為，各分極による電界は互に打消し合って，このような分極がないのと同じであるが，電界が加わると，電界の方向に向くものの数の割合が増し，それが第 1·13図(b)のような電界をつくるので，結局，電界で分極が生じたことと同じになる．比誘電率の大きさは電子，原子および分子分極によるものが 2～3 程度，双極子分極によるものはそれより大きく，数十におよぶことがある．

次に，ある種の無機物質，例えば酸化チタン等では，ある領域内で各原子の分極が同一方向を向いていることがある．このような領域は多数あり，電界を加えない間は各領域の分極の向きはまちまちであるが，電界によって，それらが電界方向に廻転して並ぼうとする．この場合の比誘電率は前記のものにくらべて非常に大きく，数百ないし数万程度になることがある．このような機構の誘電体を強誘電体 (ferroelectric substance) とよぶ．これは後に述べる強磁性体 (ferromagnetic substance) の機構によく似ている．

1·7 誘電束およびファラデー管

誘 電 束　1つの点電荷Qが誘電体の中にある場合を考えると，式(1·14)から

$$Q=4\pi r^2 D \tag{1·16}$$

ただし

$$D=\varepsilon E \tag{1·17}$$

となる．ここで，Dは上式からわかるようにEに比例するもので，ここではそれらの大きさだけの関係しか示していないが，正しくは，Dは方向をもつもので，ベクトルで書くべきものであり，この方向は普通の物質(等方質のもの)については電界の方向に等しい．この式の関係は水の湧出と流出の関係に似

ているので，理解の便のために両者を比較してみる．

今，第 1·14 図(a)に示すように，Q[m³/sec]の水を出す細い水管から，水があらゆる方向にゆっくり一様に流れ出るものとした時，その出口から r[m]の所の流速を D[m/sec] とすると，

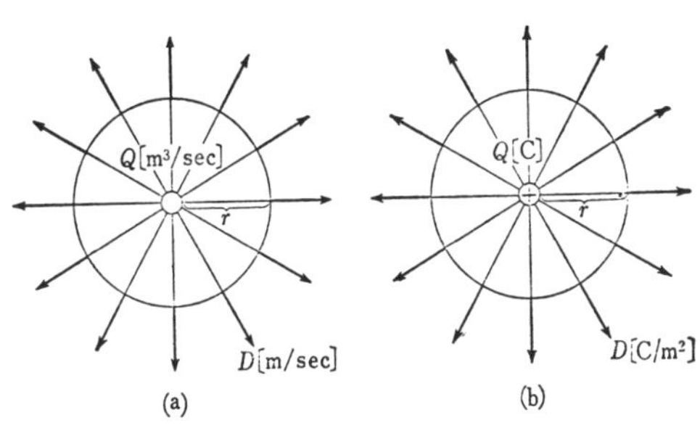

第 1·14 図

これは単位断面積を単位時間に通過する水量に等しいのであるから，半径 r[m] の球面の全面から外に流れ出る水流は $4\pi r^2 D$[m³/sec] となるが，この水は全部前記水管から供給されたものであるから，これらの量の間には，式(1·16) の関係が成立することがわかる．結局，式(1·16) の Qを毎秒当りの湧出水量と考えれば，式 (1·17) に示すDという量は，単位時間に単位断面積当りを通過する水量となり，その意味が理解されよう．Qが電荷の場合，このDを誘電束密度 (dielectric flux density) といい，これに断面積をかけたものを誘電束 (dielectric flux)という．誘電束は，従って，水流の束と考えればよい．誘電束の単位は式 (1·16) からわかるようにクーロンである．電荷Qと誘電束密度Dの関係は，第 1·14 図(b)のようになっていると考えることができる．電荷が点でなく広がりを持っている場合についても，水流との類似関係が成立ち，結局，＋1クーロンの電荷からは常に1本の誘電束が出ており，これは－1クーロンの電荷のところまで行って終る．誘電束は電荷のないところでは切れないことになる．

ファラデー管　誘電束を1本，2本というのは便宜上のことで，実際はDは連続してあるのであり，従って，誘電束は太さをもった管だとして，これで全空間が満たされていると考えてよい．このような管をファラデー管 (Faraday tube) という．すなわち，ファラデー管とは，その両端にそれぞれ＋1クーロンおよび－1クーロンの電荷をもち，管の壁はDの線（普通の場

合この線は電気力線に等しい)でできている(第1·15図). 従って, ファラデー管の任意の場所でその垂直断面を作り, その面積をAとし, その面内でDは一定だとすれば, $DA=1$となる.

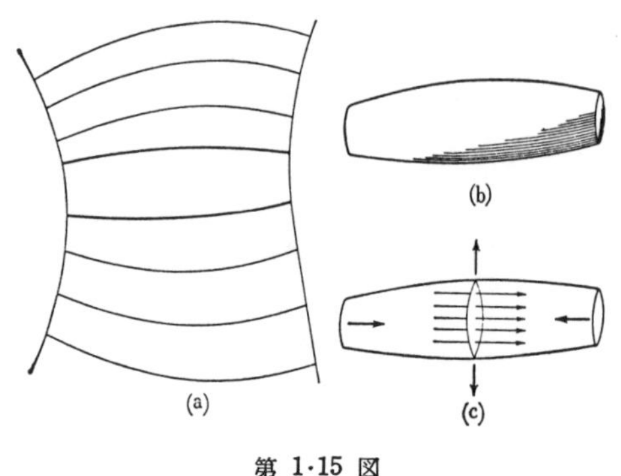

第 1·15 図

ファラデー管は丁度引張られたゴム管のような性質を持っている. すなわち, これは縦の方向には縮んで短かくなろうとし, 横の方向には膨れて太くなろうとする. その力は単位断面積当り$(1/2)ED$ニュートンである. このことは理論的にも証明することができる. ファラデー管のこのような性質を使えば. 電界のいろいろな性質を理解するのに都合がよい. 例えば, 第 1·7 図(b)に示すような正負の点電荷の附近の電界を考えるのに, 多数のゴム管が両端をそれぞれの点電荷の位置に固定されたものと考えると, 力線の曲り方が理解できる. また, 正負の電荷が引合うのは, ファラデー管が縮まろうとする性質によるものだと考えてもよい.

静電誘導 あらかじめ電荷を与えていない導体には, 附近に電荷がない時はもちろん電荷が表われることはないが, 近くに電荷を持ってくれば, 導体表面に電荷が表われてくる. この様子は第 1·16 図に示すようになる. 導体Aに表われる電荷は, Bに近い側にBの電荷と反対の符号の電荷が表われ, 遠い側には, Bと同符号の電荷が表われる. この現象を静電誘導 (electrostatic induction) という このことは誘電束の模様を考えれば理解できよう. 図

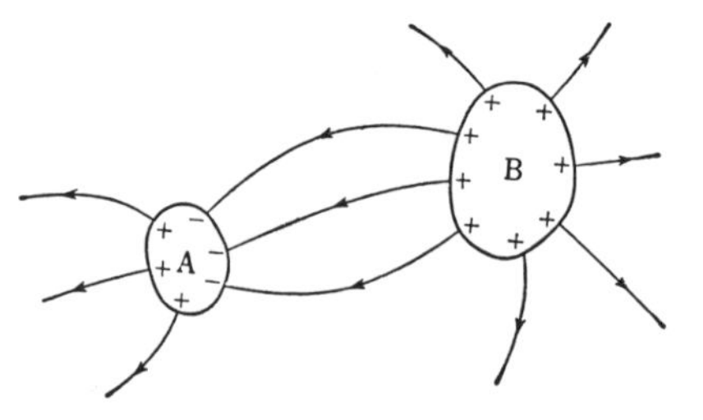

第 1·16 図

のBの電荷からは誘電束が何本か出て行くが，そのうち何本かは導体AのBに近い表面で終る．ところが，Aには前もって電荷を与えてはいないのであるから，Aに入る誘電束の全本数は常に零でなければならない．従って，Aに入ってきた本数だけAの表面の他の場所から出て行く筈である．誘電束のゴム管のような性質を考えると，この模様は前図のようになることがわかる．

例題 1-3 例題 1-2 の場合を誘電束を用いて解け．

解 無限に広い一様な電荷密度 σ[クーロン/m²] の平面板であるから，力線はこの面上至るところで一様な筈である．従って，第 1·17 図に示すように，この面から上下に各各 1[m²] 当り $\sigma/2$ 本ずつの誘電束が一様に出ており，誘電束密度Dは一様で

$$D=\sigma/2 \qquad (1\cdot18)$$

となる．ゆえに

$$E=\frac{\sigma}{2\varepsilon_0} \qquad (1\cdot19)$$

となって，これは例題 1-2 の結果と同じである．

$D=\sigma/2$

$D=\sigma/2$

第 1·17 図

1·8 静電容量および静電コンデンサ

静 電 容 量 第 1·18 図に示すように，2つの導体があり，それぞれに $+Q$ および $-Q$ クーロンの電荷を与えた時の両導体の電位差をVとすると，

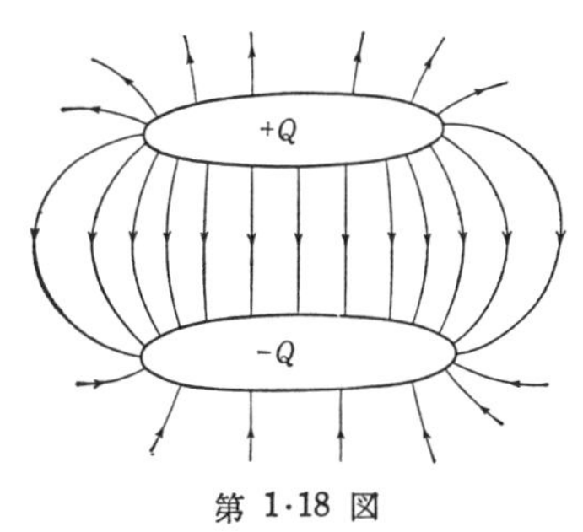

第 1·18 図

$$C=\frac{Q}{V} \qquad (1\cdot20)$$

で表わされるCをこの2つの導体の間の静電容量 (electrostatic capacity) という．静電容量は普通電位差および電荷には無関係であり，導体の形，関係位置および導体間の誘電体の誘電率，形および位置に関係する．なお，この場合の導体を電極 (electrode) という．

単 位 静電容量の単位は，式 (1·20) から [クーロン/ボルト] となることがわかるが，これを新らしくファラッド (Farad) と名づけFで表わす．ファラッドの単位は普通大きすぎるので，マイクロ・ファラッド (microfarad, μF と略記）またはマイクロ・マイクロ・ファラッド(micro-microfarad, μμF と略記）が用いられる．後者はまたピコ・ファラッド（picofarad pF と略記）ともいう．

$$1[\mu F]=10^{-6}[F]$$

$$1[\mu\mu F \text{ または } pF]=10^{-12}[F]$$

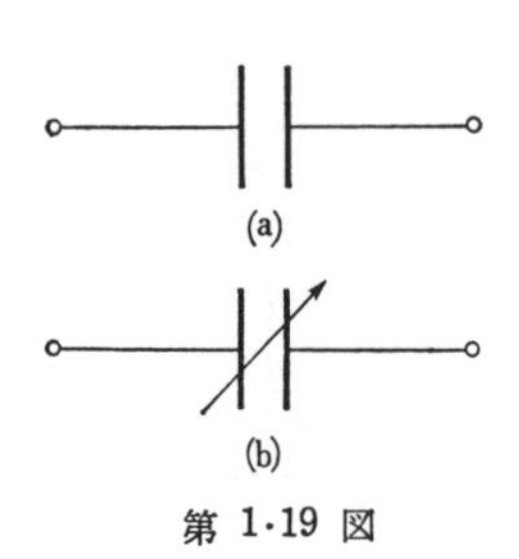

第 1·19 図

記 号　静電容量を利用する目的で作られた器具を静電コンデンサ（静電蓄電器，electrostatic condenser または capacitor）という．静電コンデンサはその接続を示すための図では第1·19図のような記号で表わす．(a)は固定のコンデンサで，(b)は可変のコンデンサ（variable capacitor）を表わす．

1·9 各種コンデンサとその容量

(i) 平行板コンデンサの容量

第 1·20 図に示すように，間隔 d[m] で向かい合わせた無限に広い2枚の平行導体板の間の容量を求めてみる．まず導体板上の電荷についてではなく，面密度 σ の正負の電荷でできた2枚の平行板を考えると，例題 1-2 または 1-3 から，電界は第 1·21 図に示すようになることがわかる．すなわち，

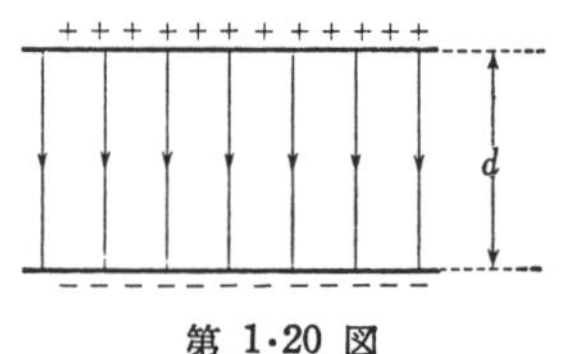

第 1·20 図

(c) の場合の板間の電界の強さは，(a) と (b) の重ね合わせであるから，σ/ε_0 となり，平行板の外側は零となる．ところで，この場合の等電位面が電荷の板の面に平行になることは例題 1-2 からもわかるから，それぞれの電荷の板のところに導体を置いても，電位の分布，従って誘電束の分布が変ることはない．（もし，新しく置かれた導体の面が，もとの等電位面のどれにも一致しないような場合は，置かれた導体の面が等電位面になろうとして，電荷が導体面上を移動する．この為，附近の電界の分布が変るのである）．従って，はじめの問題の場合の板間の電界の強さ E は

$$E=\frac{\sigma}{\varepsilon_0} \tag{1·21}$$

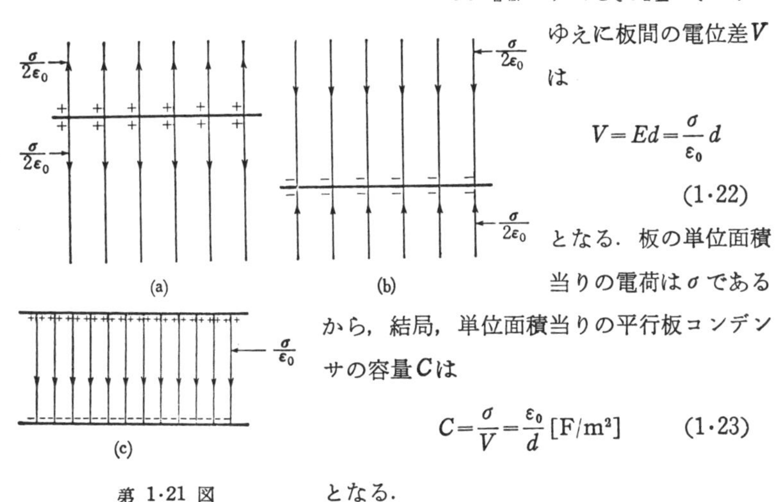

第 1·21 図

ゆえに板間の電位差Vは

$$V=Ed=\frac{\sigma}{\varepsilon_0}d \tag{1·22}$$

となる．板の単位面積当りの電荷はσであるから，結局，単位面積当りの平行板コンデンサの容量Cは

$$C=\frac{\sigma}{V}=\frac{\varepsilon_0}{d}\,[\mathrm{F/m^2}] \tag{1·23}$$

となる．

ところで，平行板が有限の広さの時は，その端の方では電界は第 1·22 図のように押し出されて曲ってくる．このことは，ファラデー管の性質からわかる．従って，ここの部分では，上記のような計算は正しくないが，板の直径に比べて間隔dが非常に小さい時は，端の部分の影響を無視することができて，結局，面積 $S[\mathrm{m^2}]$ の平行板コンデンサの容量Cは

$$C=\frac{\varepsilon_0 S}{d} \tag{1·24}$$

第 1·22 図

板間に誘電率εの誘電体がつまっている時は

$$C=\frac{\varepsilon S}{d} \tag{1·25}$$

$$C=\frac{\varepsilon_s S}{d}\times 8.855\ [\mathrm{pF}] \tag{1·26}$$

となる．板の直径に比べて間隔が十分小さくない時は，上式を修正しなければならない．このように縁の附近の電界が乱れることを縁端効果（edge effect）という．

(ii) 同心球コンデンサの容量

第 1·23 図に示すような，半径それぞれ a および b の 2 つの同心球導体間の容量を求める．内球に $+Q$，外球に $-Q$ の電荷を与えたとすると，電界は中心について点対称になるべきことから，Q 本の誘電束は内球から外球に放射状に走る．従って，中心から r の半径の球上の誘電束密度 D は

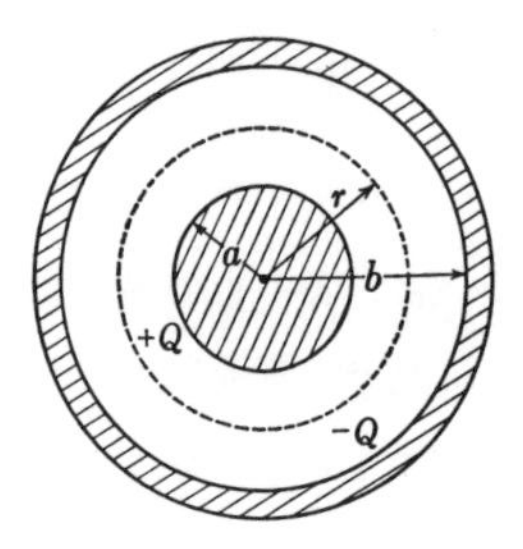

第 1·23 図

$$4\pi r^2 D = Q \tag{1·27}$$

から求まる．これから

$$E = \frac{D}{\varepsilon} = \frac{Q}{4\pi r^2 \varepsilon} \tag{1·28}$$

となり，極間の電位差 V は

$$V = -\int_b^a \frac{Q}{4\pi r^2 \varepsilon} dr = \frac{Q}{4\pi\varepsilon}\left(\frac{1}{a} - \frac{1}{b}\right) \tag{1·29}$$

ゆえに

$$C = \frac{4\pi\varepsilon}{\dfrac{1}{a} - \dfrac{1}{b}} [\mathrm{F}] \tag{1·30}$$

$$= \frac{4\pi\varepsilon_s}{\dfrac{1}{a} - \dfrac{1}{b}} \times 8.855\ [\mathrm{pF}] \tag{1·31}$$

となる．ところで，地上の高い所に導体球が 1 個浮いている時，これと大地 (earth) との間の容量は，上の場合から $b \to \infty$ として得られるから

$$C = 4\pi\varepsilon_s a \times 8.855\ [\mathrm{pF}] \tag{1·32}$$

となる．

(iii) 2本の平行導線間の容量

まず，第 1·24 図に示すような一本の長い導体棒に，線密度 q[クーロン/m] の一様な電荷がある場合の附近の電界を求める．棒が無限に長いことから，電界は至るところ棒の軸に垂直で，また軸対称とならねばならぬことから，半径 r[m] の円周上では至る所同じ大きさになる．従って，棒の単位長さ当り

q 本の誘電束が出ることを考えれば，

$$2\pi r D = q \qquad (1\cdot33)$$

ゆえに

$$E = \frac{q}{2\pi\varepsilon r} \ [\mathrm{V/m}] \qquad (1\cdot34)$$

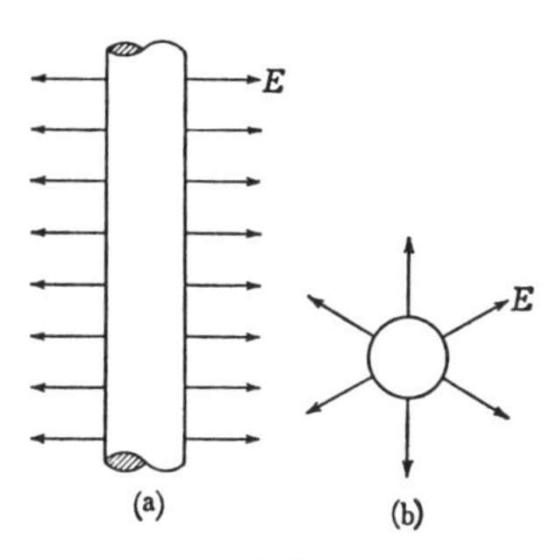

第 1·24 図

次に第 1·25 図に示すように，半径 a[m] の 2 本の導線が d[m] 離れて置かれ，それぞれ $+q$, $-q$[クーロン/m] を与えられた時，一方の導線から他方に向かって x[m] 離れた点Pの電界 E は，

$$d \gg a \qquad (1\cdot35)$$

とすれば，相手の導線の影響が無視できて，式 (1·34) から

$$E = \frac{q}{2\pi\varepsilon x} + \frac{q}{2\pi\varepsilon(d-x)} [\mathrm{V/m}] \qquad (1\cdot36)$$

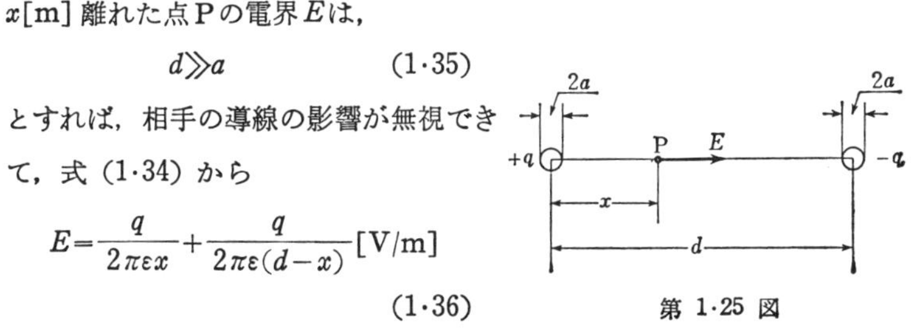

第 1·25 図

となることがわかる．従って，両導体の電位差は

$$V = -\int_{d-a}^{a} \frac{q}{2\pi\varepsilon}\left(\frac{1}{x} + \frac{1}{d-x}\right)dx$$

$$= \frac{q}{\pi\varepsilon}\log_\varepsilon \frac{d-a}{a} \qquad (1\cdot37)$$

ゆえに，単位長さ当りの容量 C は，式 (1·35) を考えて

$$C = \frac{\pi\varepsilon}{\log_\varepsilon \dfrac{d}{a}} \ [\mathrm{F/m}] \qquad (1\cdot38)$$

または

$$C = \frac{\pi\varepsilon_s}{\log_\varepsilon \dfrac{d}{a}} \times 8.855 \ [\mathrm{pF/m}] \qquad (1\cdot39)$$

となる．

(iv) 実用コンデンサ

実用されているコンデンサでは，電極間の誘電体の種類により，空気コン

デンサ (air condenser), 油コンデンサ (oil condenser), 紙コンデンサ (paper condenser), 雲母コンデンサ (mica condenser), ポリスチレンコンデンサ(polystyrene condenser)その他の合成樹脂を用いるコンデンサ, 酸化チタンその他の焼物を誘電体に用いる磁器コンデンサ (ceramic condenser), および電解コンデンサ(electrolytic condenser) 等にわけられる.

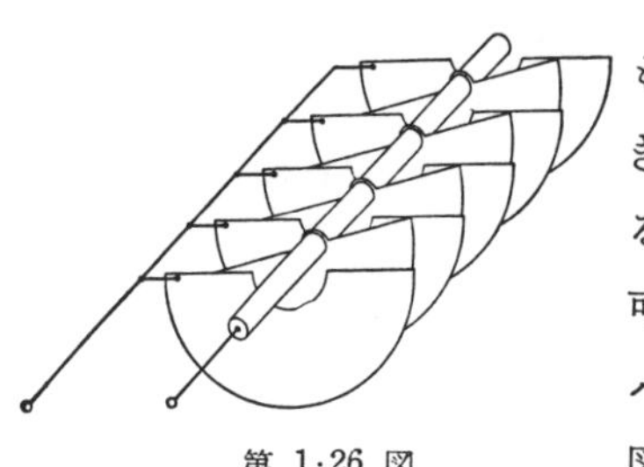

第 1·26 図

空気コンデンサでは小容量で高電圧用のものとしては円筒型のものがあり, より大きい容量のものには平行板型のものがある, また, ラジオの同調用のものとしては可変型コンデンサ(variable condenser, バリコンと俗称) がある. これは第 1·26 図に示すように, 平行板コンデンサが多数並列接続 (後述) され, この電極間の対向面積が変えられるようにしたものである.

紙コンデンサまたはポリスチレンコンデンサ等は, 第 1·27 図に示すような構造になっており, この容量も平行板コンデンサの並列として計算できる. 電解コンデンサはアルミニウム箔の表面を化学的に腐蝕し, これを酸化して絶縁層を作り, 電解液を一方の電極としたもので, 極間の誘電体である酸化アルミニウムの層が薄く, また腐蝕によって電極面積が広くなっているため, 小型で大容量のものが得られる. しかし多少漏洩電流 (leakage current) が流れるという欠点を持っている. 電極金属としては, アルミニウムの代りにタンタルを使ったものもある. この他に特殊なものとして, 半導体で作られ, その容量の値が加えた電圧によって変るものがある.

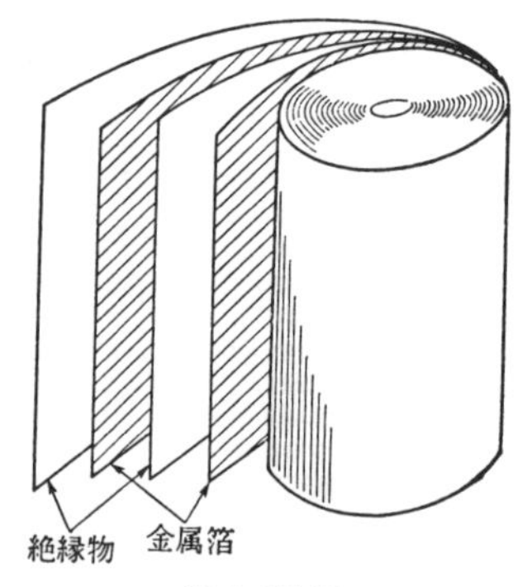

第 1·27 図

1·10 コンデンサに蓄えられるエネルギー

V[V] の電位差で Q[C] の電荷がたまっている容量 C[F] のコンデンサに蓄えられているエネルギー (energy) W[J] を求めてみる (第 1·28 図).

+Q
-Q
V

第 1·28 図

エネルギー零の状態は電極の電荷が零の時であるから，求めるエネルギーとしては，この状態から少しずつ電極に電荷をためて行き，これに要した仕事を全部加えればよい．今，電荷 q，電位差 v の時に，微少電荷 Δq を電位の低い極から高い極にもって行ったとすると，この前後で極間の電位差はほとんど変らないから，これに要した仕事 ΔW は 1.5 の電位差の定義から

$$\Delta W = v\Delta q \qquad (1\cdot40)$$

となる．従って

$$W = \int_0^W dW = \int_0^Q v dq \qquad (1\cdot41)$$

ところで

$$v = q/C$$

であるから，

$$W = \int_0^Q \frac{q}{C} dq = \frac{1}{2} \cdot \frac{Q^2}{C} \text{ [J]} \qquad (1\cdot42)$$

または

$$W = \frac{1}{2} CV^2 = \frac{1}{2} VQ \text{ [J]} \qquad (1\cdot43)$$

となる．なお，上記の W は電極間に電界を作るエネルギーとして蓄えられているのであり，両極を導線でつなげば，電荷は流れ出して放電して無くなり，このエネルギーは外にとり出されるのである．

1·11 コンデンサの接続

コンデンサを幾つか接続したものは，全く同じ作用をする1つのコンデンサで置きかえることができる．この置きかえたコンデンサの静電容量を合成静電容量（resultant electrostatic capacity）という．普通よく表われる2通りの接続の合成容量を求める．

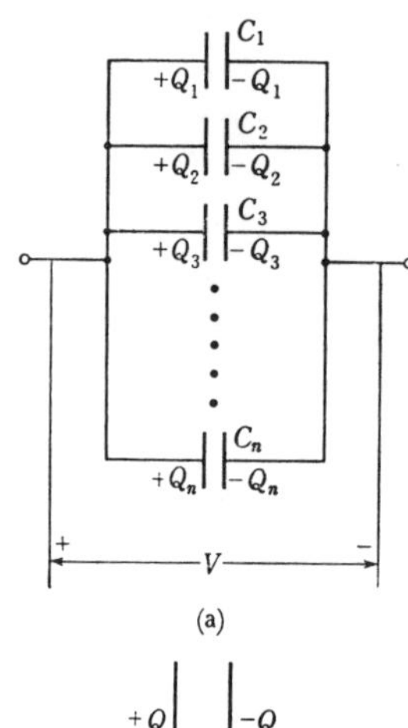

(a)

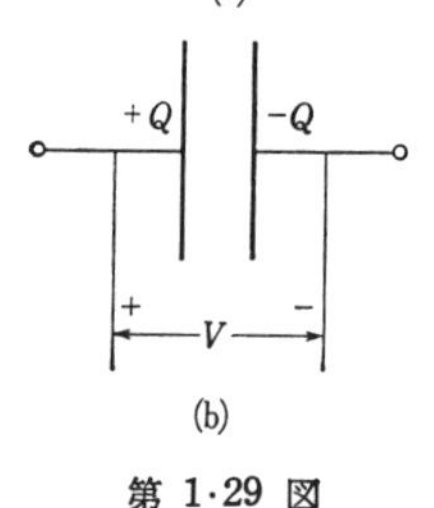

(b)

第 1·29 図

（ i ） 並 列 接 続

第1·29図（a）のような接続を並列接続（parallel connection）という．同図（b）の容量Cを合成静電容量とすると，正電位の端子につながる導体の全電荷は（a）では$Q_1+Q_2+\cdots\cdots+Q_n$で，（b）ではQであるから

$$Q=Q_1+Q_2+\cdots\cdots+Q_n \qquad (1\cdot44)$$

となる．ところで，同じ導体上に電位差がないことから，（a）の各コンデンサには電位差Vが加わることがわかる．従って静電容量の定義から

$$Q_1=C_1V,\ \ Q_2=C_2V,\ \cdots\cdots,\ Q_n=C_nV \qquad (1\cdot45)$$

となる．一方（b）から

$$Q=CV \qquad (1\cdot46)$$

となり，上の各式から次式が得られる．

$$C=C_1+C_2+\cdots\cdots+C_n \qquad (1\cdot47)$$

静電容量の値は，VとQの正負を上図のようにとれば必ず正であるから，上式から並列接続の結果は，必ず，いずれの容量値より大きい容量が得られることがわかる．

（ii） 直 列 接 続

第1·30図（a）のような接続を直列接続（series connection）という．同図（a）の合成容量を（b）の容量Cに等しいとすると，両端子間の電位差は電位

差の定義から

$$V_1+V_2+V_3+\cdots\cdots+V_n$$

となる．これが（b）ではVに等しいから

$$V=V_1+V_2+V_3+\cdots\cdots+V_n \quad (1\cdot48)$$

となる．また，誘電束はコンデンサから外には洩れて出ることがないとすると（もし洩れ出るような時は，この部分を等価的な (equivalent) コンデンサで置きかえて考えればよい），C_1 の正の極から出発したQ本の誘電束は，まず，C_1の負の極に達し，この極の電荷は$-Q$ となるが，C_1 の負の極と C_2 の正の極とは1つながりの導体であるから，静電誘導で C_2 の正の極には $+Q$ の電荷が生じて，これからまた，Q本の誘電束が出発する．結局，このようにして，各コンデンサの電極の電荷は，図のように，どれも $+Q$ および $-Q$ となることがわかる．従って

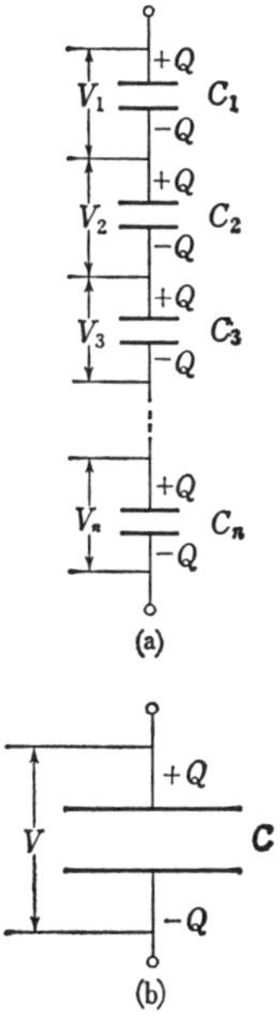

第 1·30 図

$$V_1=\frac{Q}{C_1},\quad V_2=\frac{Q}{C_2},\quad V_3=\frac{Q}{C_3},\cdots\cdots,V_n=\frac{Q}{C_n} \quad (1\cdot49)$$

となり，一方（b）から

$$V=\frac{Q}{C}$$

だから，上の各式から

$$\frac{1}{C}=\frac{1}{C_1}+\frac{1}{C_2}+\frac{1}{C_3}+\cdots\cdots+\frac{1}{C_n} \quad (1\cdot50)$$

を得る．

上式から，合成容量は，必ず，いずれの容量の値よりも小さくなることがわかる．例えば，等しいものをn個直列にすれば合成容量は $1/n$ となることがわかる．

1·12 静電遮蔽

第 1·31 図に示すように，幾つかの導体 $B_1, B_2, \cdots\cdots$ を完全にとり囲むよ

うな導体Aを考え，その内部の各導体には，予め電荷を与えていない場合について考える．この場合，もしA内部に電荷があるとすれば，そこに誘電束があることになり，これは静電誘導の項で述べたように，$B_1, B_2, \cdots\cdots$ 以外の部分の電荷から出発したものである．この電荷のあるところはAの内面しか考えられない．従って，誘電束はA内面の一部から出発して，直接あるいはいくつかの導体を経由して，再びA内面の他の部分に終ることになる．電気力線は誘電束の向きと同じであるから，結局，A内面の一部から出発して，A内面の他の部分に終る電気力線があることになり，このことはその2つの部分に電位差があることを意味する．しかしAは導体であるから，その上で電位差があることはない．従って，始め，A内に電界があるとしたことが正しくなかったことになる．結局，この場合A内には電界がない．従って，A内の各導体の電位はAの電位に等しくなる．そこで，Aを一定の電位，例えば大地電位（earth potential）にすれば（このことを接地する（earth）という），各導体の電位は常に大地電位に等しくなる．

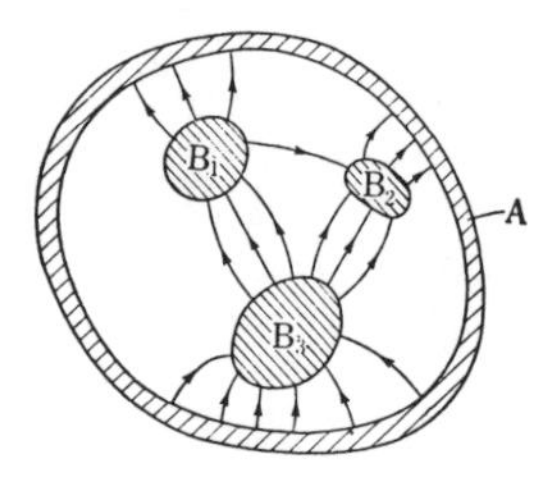

第 1·31 図

次に第 1·32 図に示すように，導体Aの外に電荷を置いたと考えると，電荷から出入する誘電束はAの外面に終るか，または大地に終るかであって，A内部の導体につながることはない．何となれば，この場合，上にのべたように，A内には電界が存在し得ないからである．今，Aの電位は一定に保つようにしているから，A内部はこの電位に等しくなり，結局，外部の電荷によってA内部

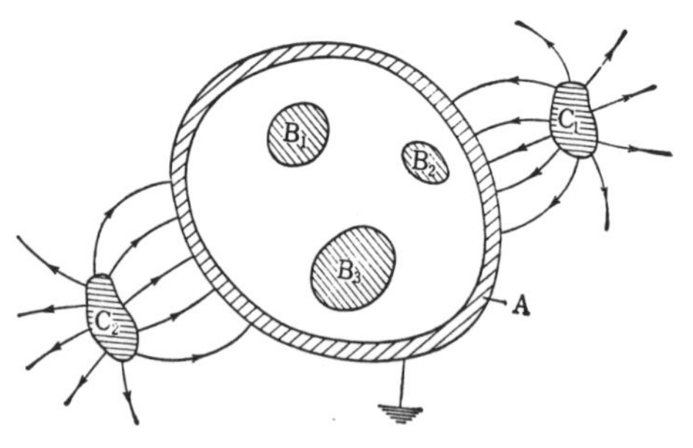

第 1·32 図

の導体の電位が変ることはないわけである.

A内の各導体に予め電荷を与えていた場合は，もちろんこれらはAと同じ電位にはならないが，この各電位がA外の電荷によって変ることはないということは，上の説明からわかるであろう．また，A外の各部の電位はA内の電荷によって変ることはないことも，全く同様にしてわかる．従って，A内の導体とA外の導体との間の静電容量は零になる.

以上のように空間のある部分を導体で囲んで，接地または一定の電位にして，その内部と外部が，静電的に無関係になるようにすることを，静電遮蔽(electrostatic shielding)という．遮蔽は，電位計で微小静電容量の微小電位差を測るような場合には，必ず必要である．遮蔽はまた交流回路で広く用いられている．第4章で述べるのであるが，交流では静電容量に電流が流れるので，これが問題になることが多い．例えば，高感度ラヂオ受信機の初段の真空管には，外部の雑音電源との間の静電容量によって，雑音電圧が加わりやすいので，遮蔽によってこの静電容量をなくすようにしている．交流ブリッジ回路(4·13)では，配線の間やその外の考慮に入っていない静電容量(浮遊容量，stray capacity)によって，平衡誤差を生ずることが多いので，これを除く為に，適当な遮蔽を施すのが普通である．また，大きな雑音電波を発生する高周波焼入れ装置等は，外部にこの電波を出さないように遮蔽する.

第2章　電　　流

2·1　電　流

電　流　前章では電荷が静止している場合について述べたが，ここでは電荷が移動しつつある状態について述べる．電荷の移動を電流（electric current）という．線状導体に流れる電流の大きさとは，この導体の断面を単位時間に通過する電荷の量をいい(第2·1図)，この単位をアンペア（Ampere，略して A）と名づける．すなわち，1アンペアとは1秒間に1クーロンの電荷が通過するような電荷の流れである．また電流の向きは，電流が正の電荷だけの動きによるものであるとした時の電荷の移動方向を，その正の向きとする習慣になっている．従って，電流が電子のような負の電荷の動きによるものである場合は，電流の向きと電荷の移動方向とは互に逆方向になっている．大きさも向きも常に一定であるような電流は直流（direct current）とよばれる．

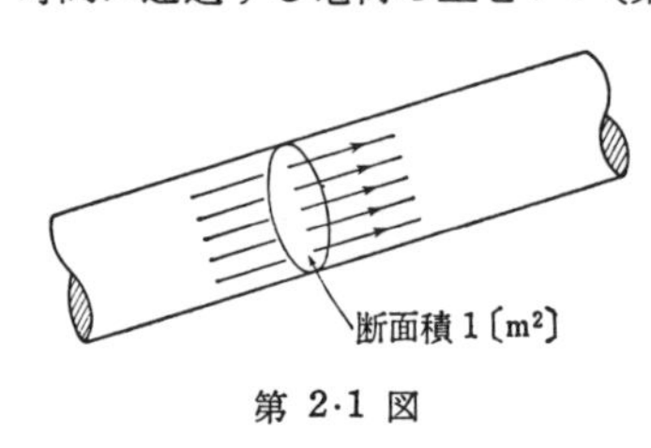

第 2·1 図

電流の構成　電流を構成する電荷の種類はいろいろあり，例えば，金属中では電子，半導体（semiconductor）中では電子および正の電荷を持つ正孔（positive hole）で，また電解質の水溶液では正負のイオン（ion）である．しかしここの取扱いでは，電流がどのような電荷でできているということは問題にしない．

起電力　電荷が動くためには電界が必要であるから，電流が流れる為には，この導体上に電位差がなければならないことになる．この場合，電流は当然電位の高い方から低い方に流れるのであるが，このような電流を流すには，低い電位の方

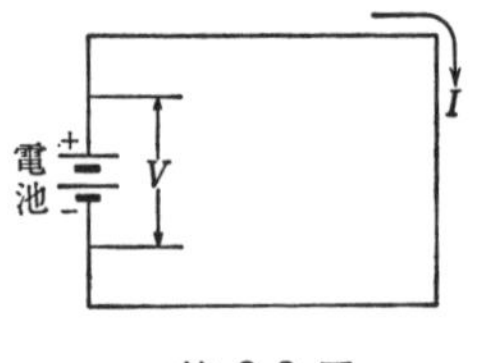

第 2·2 図

に流れて行った電荷を，再び高い方に持上げるような仕事をする動力源がいる（第2·2図）．この様な働きをするものを起電力（electromotive force, 略して emf）という．起電力はまた，電圧源(electric voltage source)ともよばれる．導体に直流を流すには，時間的に変化しない起電力を加える必要があるが，このような起電力を直流起電力(direct current electromotive force, 略して D.C. emf）という．起電力の大きさは発生する電位差の大きさで表わす．従って，その単位は当然，ボルトになる．起電力を発生する装置としては電池（battery）や発電機（generator）等がある．

回　路　起電力，コンデンサおよび後にのべる抵抗やインダクタンス等を導線でつなぎ合わせたものを電気回路（electric circuit）という．回路の起電力および電流が直流の場合を直流回路（DC circuit）という．この章では直流回路のみを取扱い，起電力が変化する場合は第4章に述べる．

2·2 オームの法則および抵抗

オームの法則　第2·3図に示すように，線状導体に直流の電流 I[A] が流れ，この時の A, B の2点間の電圧が V[V] であるとすると，これらの間には次の関係がある．

$$V=RI \tag{2·1}$$

ただしRは比例定数

A　I　B　+　−　V

第 2·3 図

この関係はオームによって実験的に導き出されたので，オームの法則(Ohm's law）と呼ばれる．この定数 R はこの導体の AB 間の電気抵抗（electric resistance）あるいは略して抵抗（resistance）と呼ばれるもので，電圧Vが一定の時はRが大きい程電流は小さくなる．つまりRは電流の流れにくさを表わすことになる．抵抗の値は導体の種類およびその形状によって異なる正の値をとる．このことに関しては 2·3 で述べる．

抵抗の単位は 1[A] の電流で 1[V] の電位差を生ずる場合をとり，1オーム (ohm, 記号は Ω) と名づける．オームの外に次の補助単位も用いられる．

10^6 オーム＝1メグオーム（megohm, MΩ）

10^3 オーム＝1キロオーム（kiloohm, kΩ）

10^{-3}オーム＝1ミリオーム (milliohm, mΩ)

10^{-6}オーム＝1マイクロオーム (microohm μΩ)

抵抗の逆数をコンダクタンス (conductance) という．この単位は 1/オーム となるのであるが，これをモー (mho, 記号は ℧) と名づける．

抵抗を利用する目的で作られた器具を，抵抗器または抵抗体 (resistor) という．

抵抗回路　起電力と抵抗からなる回路を抵抗回路という．接続を示す図では，抵抗は第2·4図のような記号で表わす．(a)は固定抵抗で，(b)は可変抵抗 (variable resistance) である．回路を示す図では，特に断らない限り，抵抗を有する導体の部分は，第2·4図のような記号で書き，図のその他のなめらかな線の部分は，抵抗零の導体を意味するものとする．なおこの線を導線 (lead wire) という．抵抗の両端の電位差 (電圧) は電圧降下 (voltage drop) とも呼ばれ，この正負の向きと電流の方向の関係は第2·5図のようになる．この関係は同図に示すように，起電力の電圧と電流の関係の逆になることに注意を要する．

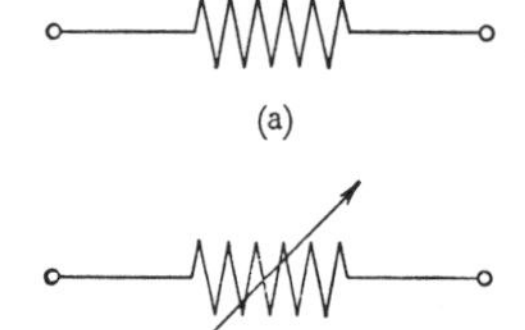

第2·4図

内部抵抗　実際の電池または発電機では，その電圧は電流が流れれば多少下がる．このことから，電池等は純粋な起電力だけでなく，これに抵抗を直列にした第2·6図に示すような等価的な回路 (equivalent circuit) で表わすべきことがわかる．この抵抗 r を電池等の内部抵抗 (internal resistance) という．なお第2·6図の点線内の記号は，元来，電池を表わす記号であるが，

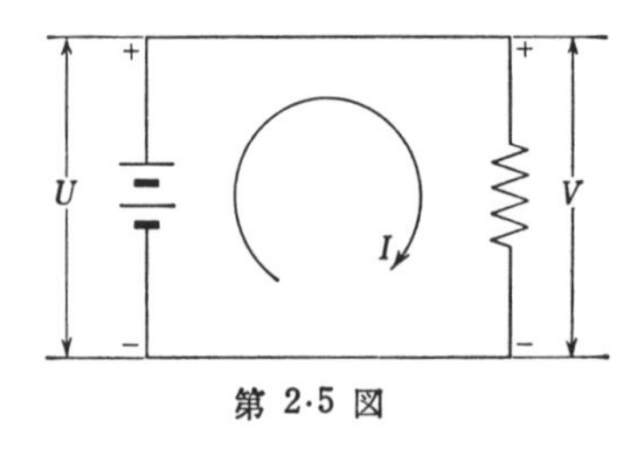

第2·5図

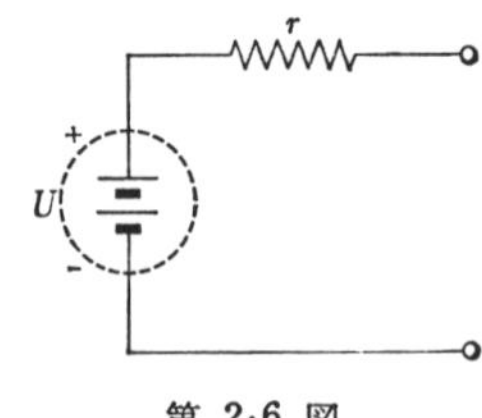

第2·6図

一般に理想的な直流起電力を表わす場合にも用いられている.

2·3 固有抵抗

固有抵抗 導体の抵抗の違いは，その物質固有の性質によるものと，その形状によるものとがある.そこでまず，形状の違いでは抵抗がどのように変るかを考えてみよう.今，第2·7図に示すような，長さが l，断面積がどこでも S の導体があり，この長さの方向に一様に電流を流す場合のこの棒の抵抗を考える．棒に流れる全電流が I で，両端の電位差が V ならば，棒の抵抗 R は V/I で求められるが，I を一定とすると V は l に比例して大きくなり，V を一定とすると I は S に比例して大きくなることは，それぞれを直列回路および並列回路と考えれば明らかである．従って

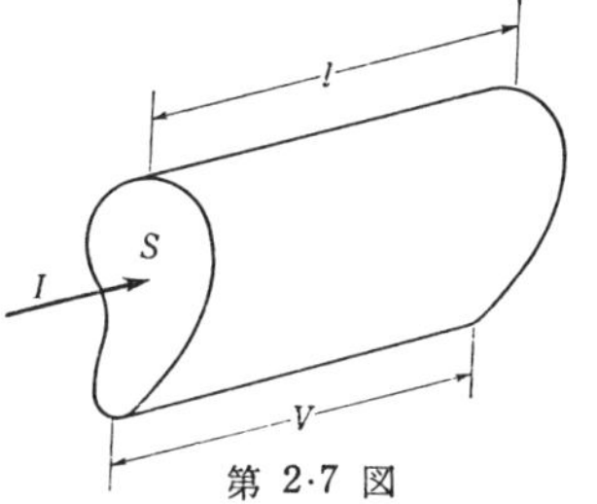

第 2·7 図

$$R=\frac{V}{I}\propto\frac{l}{S} \tag{2·2}$$

となり，比例定数を γ とすると

$$R=\gamma\frac{l}{S} \tag{2·3}$$

となる．この γ はもはや長さや断面積の形によらないで，ある状態の物質に固有なものとなることがわかる.従って，γ を固有抵抗(specific resistance)または比抵抗（resistivity）と呼ぶ.

l を[m], S を[m²], R を[Ω]で表わせば，式(2·3)から γ の単位は[Ω·m]となることがわかる．数値表等には [Ω·cm] で示してあることがあるが，

$$1[\Omega\cdot\mathrm{m}]=100[\Omega\cdot\mathrm{cm}] \tag{2·4}$$

で換算すればよい.

固有抵抗の逆数は導電率（conductivity）と呼ばれる．単位は [℧/m] となる.

第 2·1 表に金属導体の固有抵抗の例を示す.

第 2·1 表　金属の固有抵抗および温度係数 (20℃)

金属	固有抵抗 [$10^{-8}\Omega m$]	温度係数 [10^{-3}]	金属	固有抵抗 [$10^{-8}\Omega m$]	温度係数 [10^{-3}]
銀	1.62	4.1	錫	11.4	4.2
銅	1.69	4.3	鉛	21.0	3.9
金	2.4	4.0	水銀	95.8	0.9
アルミニウム	2.75	4.2	ジュラルミン	3.35	2.2
タングステン	5.5	4.5	真鍮	5〜7	1.4〜2.0
亜鉛	5.9	4.2	珪素鋼	62.5	0.75
ニッケル	6.9	6.0	マンガニン	34〜100	0.01
鉄	10.0	5.0	ニクロム	100〜110	0.1〜0.2
白金	10.6	3.0			

常温附近で固有抵抗が最も小さいのは銀で，銅はこれに次ぐ．アルミニウムはさらにこれより高い．導電用材料としては抵抗の低いことが望ましいから，実用的には銅が最も広く用いられているが，同じ長さで同じ重量になるようにすれば，銅よりアルミニウムの方が抵抗が低くなるので，送電線等ではアルミニウムが用いられることがある．

抵抗の温度係数　金属の固有抵抗は組織，不純物等に大きく影響される．また，同じ物質でも温度によって固有抵抗は変化する．今，t_1℃ における固有抵抗を γ_1 とすると，t_2℃ における固有抵抗 γ_2 は

$$t=t_2-t_1$$

とおけば

$$\gamma_2=\gamma_1(1+\alpha t+\beta t^2+\cdots\cdots) \qquad (2\cdot5)$$

となる．α, β 等は抵抗の温度係数とよばれる．金属等では常温附近で上式の

第 2·2 表　絶縁物の固有抵抗 (20℃)

種類	固有抵抗 [Ωm]	種類	固有抵抗 [Ωm]
絶縁紙	10^7〜10^{10}	ポリスチレン	10^{14}〜10^{17}
乾燥木材	10^{10}〜10^{12}	ポリエチレン	10^{14}〜10^{17}
ワニスクロス	10^{12}〜10^{13}	白雲母	10^{12}〜10^{15}
絶縁油	10^{11}〜10^{15}	磁器	10^{10}〜10^{13}
生ゴム	10^{12}〜10^{15}	大理石	10^8〜10^{11}
エボナイト	10^{13}〜10^{16}	ガラス	10^8〜10^{11}
ベークライト	10^9〜10^{12}	水晶	10^{12}〜10^{15}
塩化ビニール	10^{13}〜10^{15}	硫黄	10^{14}〜10^{15}

βの項はαの項にくらべてずっと小さいので，普通，αまで考えれば十分である．第2·1表にこれを示している．

絶縁物の固有抵抗　第2·2表には絶縁物の固有抵抗の例を示す．これは金属に比して非常に大きいことがわかるが，その伝導機構は金属とは異なる．絶縁物の抵抗を絶縁抵抗 (insulation resistance) というが，これは測定のため電圧を加えた場合，時間と共に抵抗が変化することが多い．絶縁物にはこの他，表面だけを通って流れる電流による抵抗がある．これを表面抵抗 (surface resistance) といい，これに対して上述のものを体積抵抗 (volume resistance) という．表面抵抗は表面の汚れ，水分等によって著しく変化し，体積抵抗より低くなる場合が多い．表面抵抗は，普通，体積抵抗に並列にはいるので，表面の汚れ等の為に全抵抗が下がることが多い．

半導体　導体と絶縁物の外に，ゲルマニウム (germanium)，シリコン (silicon)，セレン (selenium) および亜酸化銅 (cuprous oxcide) 等の半導体 (semiconductor) とよばれるものがある．これは導体と絶縁物の中間の固有抵抗をもつものである．これらを適当に構成したものの電圧-電流特性は，オームの法則に従わないことがある．

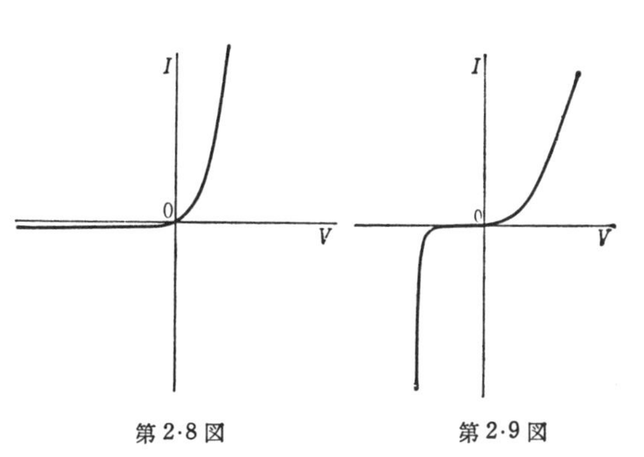

第2·8図　　第2·9図

例えば，第2·8図に示すような，電流の方向によって抵抗の値が異なるものがある．この特性は，整流器(rectifier)あるいは検波器(detector)に利用されている．

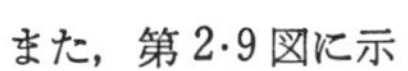

また，第2·9図に示すような特性をもつものがあるが，これを用いれば電流が変っても常に一定の電圧降下を得ることができるので，電圧標準(voltage standard)として利用され，定電圧ダイオードとよばれている．なお，トランジスタ (transistor)

も半導体の性質を利用したものであり，この外にも抵抗の温度係数の大きいサーミスタ（thermistor），熱電冷却素子（thermoelement）や電場発光（electroluminescence）等電子工学上の応用が広い．

抵抗の本質 金属では，これに流れる電流は電子の流れによって構成されている．金属では原子が整然と格子状にならんでおり，もしこれらの原子が静止していれば，電子はこの間を通り抜けるのに抵抗を感じないが，実際は原子は自分の位置（格子点）の付近で，不規則に熱運動しているので，電子はこれに衝突し運動をさまたげられて，自由に通りぬけることができなくなって抵抗を生ずる．また，金属内には一般に不純物原子が含まれていて，これが格子の正常な位置にいないため，電子がこれに衝突して抵抗を生ずる．温度が低くなると熱運動が小さくなるため，金属では抵抗がだんだん小さくなるが，不純物による抵抗のため，絶対零度でも零にはならない．ところが，ある種の金属では，20°K（絶対温度）以下のある温度で急激に抵抗が零になる．これは超伝導現象とよばれており，電気工学の分野でも，最近この応用が考えられている．

半導体に流れる電流は，電子の流れと正孔の流れからなっている．正孔とは正の電荷をもつもので，電子流とは逆の方向に動くものである．半導体の抵抗には，電子および正孔の数と，各々の動きやすさが関係するが，動きうる電子の数および正孔の数は，金属の動き得る電子数に比べて非常に少なく，動きやすさも小さい為，半導体の抵抗が金属にくらべて高いのである．

絶縁物中でわずかに流れる電流の機構については，よくわかっていないところが多いが，わずかに含まれている水分等によって，化学的に電気解離したイオンの移動による場合が多い．従って，絶縁物は乾燥させれば抵抗が高くなることが多い．

2·4 抵抗の接続

抵抗体の中には，前記のようにオームの法則に従わないものもあるが，これから取扱うものは，この法則に従うものに限ることにする．

（i） 直列接続

第2·10図に直列接続を示す．A端子から流入した電流 I は，途中で減ったり増したりすることができないから，そのまま各抵抗を流れる．従って，$R_1, R_2, \cdots\cdots$, R_n の各抵抗と，これによる電圧降下 $V_1, V_2, \cdots\cdots, V_n$ との関係はオームの法

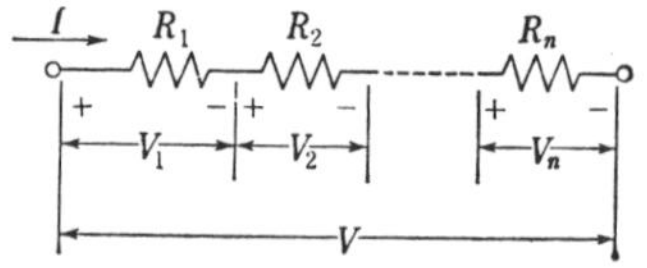

I R_1 R_2 R_n + − + − + − V_1 V_2 V_n V

第 2·10 図

則により

$$V_1=R_1I,\ V_2=R_2I,\ \cdots\cdots,\ V_n=R_nI \tag{2·6}$$

となる．ところで，A, B 両端子間の電圧Vは

$$V=V_1+V_2+\cdots\cdots+V_n \tag{2·7}$$

となるから，合成抵抗Rは

$$R=V/I=R_1+R_2+\cdots\cdots+R_n \tag{2·8}$$

となる．また，各コンダクタンスを$G_1, G_2, \cdots\cdots, G_n$とすれば，合成コンダクタンス$G$は

$$\frac{1}{G}=\frac{1}{G_1}+\frac{1}{G_2}+\cdots\cdots+\frac{1}{G_n} \tag{2·9}$$

となる．抵抗の値は正であるから，抵抗は直列にすれば，必ず高くなることがわかる．また，この接続の場合の電圧分布は式(2·6)から明らかなように

$$V_1 : V_2 : \cdots\cdots : V_n=R_1 : R_2 : \cdots\cdots : R_n \tag{2·10}$$

となっている．

倍 率 器 直列抵抗によって電圧計の測定範囲を拡げることができる．第2·11図にその例を示す．Mは電圧計 (voltmeter) で，その抵抗をR_m[Ω] とし，V_m [V] を加えた時に最大目盛 (full scale) になるとする．この電圧計を最大目盛まで振らせるには，V_m/R_m[A] の電流を流せばよいわけであるから，電圧計にR_s[Ω] の抵抗を直列につなぎ，これにV_mより大きいV_t[V] を加えた時，ちょうど最大目盛を示すためには

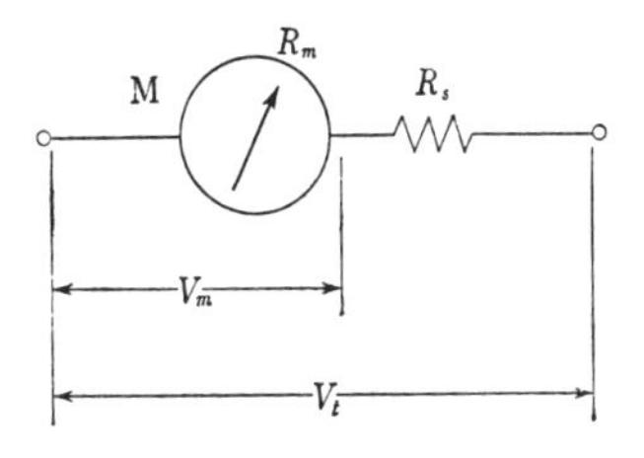

第 2·11 図

$$\frac{V_m}{R_m}=\frac{V_t}{R_m+R_s} \tag{2·11}$$

従って

$$\frac{R_s}{R_m}=\frac{V_t}{V_m}-1 \tag{2·12}$$

とすればよい．結局，全体としては最大目盛V_t[V]，内部抵抗(R_m+R_s)[Ω]

の電圧計になったわけである．例えば，測定範囲を10倍にしようと思えば，電圧計の抵抗の9倍の抵抗を直列につなげばよい．この場合の直列につなぐ抵抗を倍率器（multiplier）という．

(ii)　並列接続

第2·12図に示すように，各抵抗が並列に接続された場合を考える．今，直流の問題を考えているのだから，Aの端子から流入した電流 I はそのまま $R_1, R_2, \cdots\cdots, R_n$ に，それぞれ $I_1, I_2, \cdots\cdots, I_n$ だけ分流しなければならない．従って

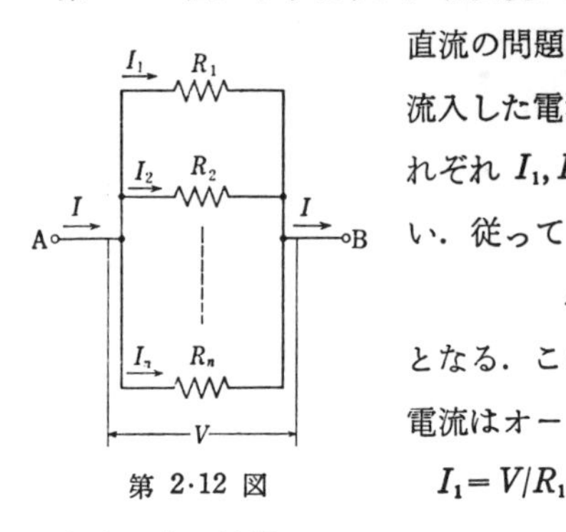

第2·12図

$$I=I_1+I_2+\cdots\cdots+I_n \tag{2·13}$$

となる．このことについては，また2·5でのべる．電流はオームの法則で

$$I_1=V/R_1, I_2=V/R_2, \cdots\cdots, I_n=V/R_n \tag{2·14}$$

となるから，結局

$$\frac{1}{R}=\frac{I}{V}=\frac{1}{R_1}+\frac{1}{R_2}+\cdots\cdots+\frac{1}{R_n} \tag{2·15}$$

となる．この式はコンダクタンスで書けば

$$G=G_1+G_2+\cdots\cdots+G_n \tag{2·16}$$

となる．並列接続をすれば，合成抵抗は必ず小さくなることがこれからわかる．また，この接続における電流分布は，式（2·14）から

$$I_1 : I_2 : \cdots\cdots : I_n=\frac{1}{R_1} : \frac{1}{R_2} : \cdots\cdots : \frac{1}{R_n} \tag{2·17}$$

となっていることがわかる．

分流器　並列抵抗を用いて電流計の測定範囲を変えることができる．第2·13図に示すように，$R_m[\Omega]$ の抵抗の電流計に，$R_p[\Omega]$ の抵抗を並列に接続した場合を考える．電流計は $I_m[\mathrm{A}]$ の電流で最大目盛

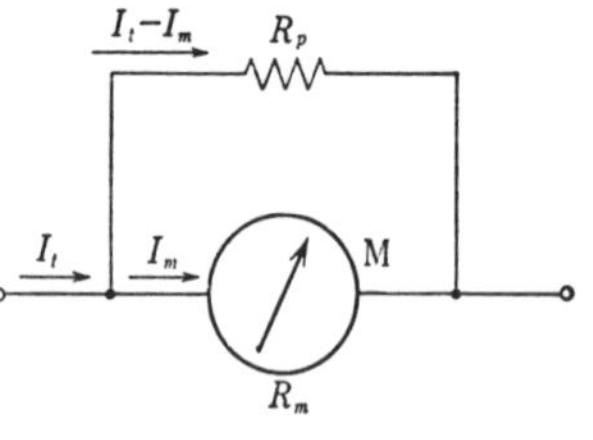

第2·13図

に振れるとすると，この時の電流計の両端の電圧は I_mR_m[V] であるから，並列にしたもの全体に I_t[A] を流した時，最大目盛になる為には

$$I_mR_m=I_t\cdot\frac{1}{\frac{1}{R_m}+\frac{1}{R_p}} \quad (2\cdot18)$$

すなわち

$$\frac{R_m}{R_p}=\frac{I_t}{I_m}-1 \quad (2\cdot19)$$

とならねばならない．この場合，全体は最大目盛 I_t[A]，内部抵抗 $\frac{R_mR_p}{R_m+R_p}[\Omega]$ の電流計となる．例えば，電流の測定範囲を 10 倍に拡げようとするならば，電流計の抵抗の 1/9 の抵抗を並列につなげばよいことになる．このような場合の並列につなぐ抵抗器のことを分流器 (shunt) と呼ぶ．

例題 2-1 第 2·14 図の回路の AB 端子から右に見た合成抵抗および AB 間に起電力Uをつないだ時の電圧および電流分布を求めよ．

解 まず，合成抵抗は直列，並列の公式から直ちに次のように求まる．

$$R_{CB}(\text{CB 間の抵抗})=\frac{R_3(R_0+R_2)}{R_0+R_2+R_3} \quad (2\cdot20)$$

$$R(\text{合成抵抗})=R_1+R_{CB}=R_1+\frac{R_3(R_0+R_2)}{R_0+R_2+R_3} \quad (2\cdot21)$$

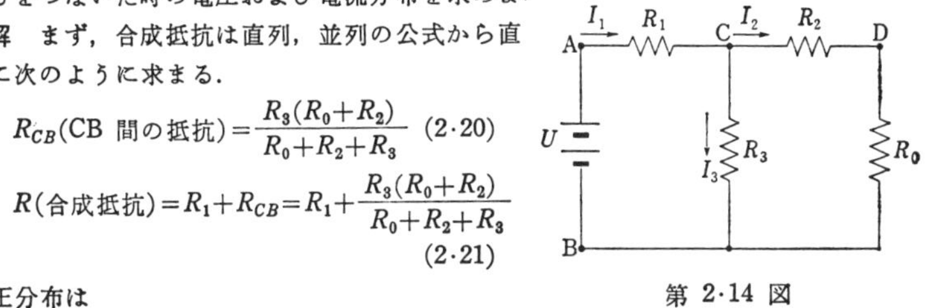

第 2·14 図

電圧分布は

$$V_{AC}(\text{AC 間の電位差})=\frac{R_1}{R}U=\frac{U}{1+\frac{R_3(R_0+R_2)}{R_1(R_0+R_2+R_3)}} \quad (2\cdot22)$$

$$V_{CB}(\text{CB 間の電位差})=\frac{R_{CB}}{R}U=\frac{U}{1+\frac{R_1(R_0+R_2+R_3)}{R_3(R_0+R_2)}} \quad (2\cdot23)$$

$$V_{CD}(\text{CD 間の電位差})=\frac{R_2}{R_0+R_2}V_{CB}=\frac{U}{1+\frac{R_0}{R_2}+\frac{R_1(R_0+R_2+R_3)}{R_2R_3}} \quad (2\cdot24)$$

$$V_{DB}(\text{DB 間の電位差})=\frac{R_0}{R_0+R_2}V_{CB}=\frac{U}{1+\frac{R_2}{R_0}+\frac{R_1(R_0+R_2+R_3)}{R_0R_3}} \quad (2\cdot25)$$

電流分布は上の式から

$$I_1=V_{AC}/R_1,\quad I_2=V_{CD}/R_2,\quad I_3=V_{CB}/R_3 \quad (2\cdot26)$$

として直ちに求まるが，電圧分布から出さないで次のように直接求めてもよい．

$$I_1=\frac{U}{R}=\frac{U}{R_1+\dfrac{R_3(R_0+R_2)}{R_0+R_2+R_3}} \tag{2·27}$$

$$I_2=\frac{R_3}{R_0+R_2+R_3}I_1=\frac{U}{\dfrac{R_1(R_0+R_2+R_3)}{R_3}+R_0+R_2} \tag{2·28}$$

$$I_3=\frac{R_0+R_2}{R_0+R_2+R_3}I_1=\frac{U}{\dfrac{R_1(R_0+R_2+R_3)}{R_0+R_2}+R_3} \tag{2·29}$$

2·5 キルヒホッフの法則

多くの抵抗や起電力からできた回路の各部の電圧，電流を求めたり，合成抵抗を求めたりすることは，前項に述べたように，直列および並列の取扱いで解ける場合も多いが，一般にはこの方法だけでは解けない．例えば，第2·14図のAD間に第5番目の抵抗を入れれば，この方法では解けないことがわかる．次に述べる法則を用いれば，一般の場合について解くことができる．

キルヒホッフの法則(Kirchhoff's law)　これはいくつかの抵抗といくつかの起電力を任意につなぎ合わせてできる回路の電圧および電流に関する法則で，次の2つの法則からなっている．

第一法則　回路の中のどの結合点（junction）においても，そこから流れ出る電流の代数和は零である．すなわち，各電流を第 2·15 図に示すように $I_1, I_2, I_3, \cdots\cdots, I_n$ とすれば

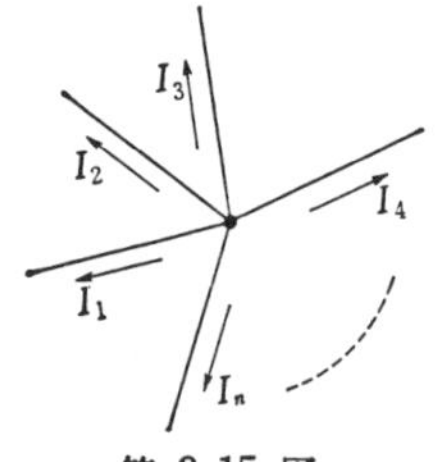

第 2·15 図

$$I_1+I_2+I_3+\cdots\cdots+I_n=0 \tag{2·30}$$

この法則は次のように説明すれば，その意味が理解できよう．上式では流れ出る方を電流の正の向きにとっているので，流れ込む電流は負になる．従って，上式は流れ込んだだけ流れ出ることを表わしているにすぎない．もし上式が成立しないとすれば，電流が電荷の流れであることを考えれば，この結合点には，正（または負）の電荷がたまり続け，この電位は上り（下り）続けることになる．しかし，今は，電位の変化がなく

なった状態を考えているのだから，このようなことはない筈であり，上式が成立つことがわかる．なお，この結合点は節点（node）ともよばれる．

第二法則 回路の中の任意の一つの網目（mesh）について，その起電力の総和と抵抗における電圧降下の総和は相等しい．すなわち，第 2·16 図に示すような一般的な網目について，起電力は網目を右回りに回る時に電位が上る場合を正にとり，電流の方向もこの向きを正の方向にとるとすれば，

$$U_1+U_2+\cdots\cdots+U_n$$
$$=I_1R_1+I_2R_2+\cdots\cdots+I_nR_n \quad (2\cdot31)$$

である．

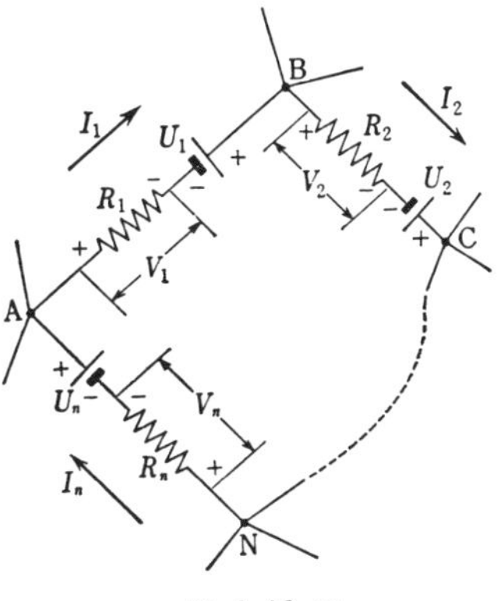

第 2·16 図

この意味を次に説明する．ここでは，直流の現象について述べているのであるから，電位は時と共に変ることはない．従って，この場合の電界は静電界である．静電界では，1·5 に述べたように，ある一点からある経路を通って，もとの点までもどった場合の電位差は零であるから，この経路を，今，第 2·16 図に示すような 1 つの網目について，$R_1, U_1, R_2, U_2, \cdots\cdots, R_n, U_n$ の順にとれば，Aから出発するとして，第 1 の枝（branch，結合点と結合点の間の部分）では，電位の上昇は $-I_1R_1+U_1$，第 2……第 n の枝では $-I_2R_2+U_2, \cdots\cdots, -I_nR_n+U_n$ となり，結局，もとのA点に戻った時の全電位上昇は零となることから，式（2·31）が得られる．

適用法 まず，各枝の電流を未知数（l 個）にとり，節点（k 個）のうち，どれか 1 つを除いた各節点（$k-1$ 個）について式（2·30）をたて，次に $l-(k-1)$ 個の網目について式（2·31）をたて，此等合計 l 個の連立方程式を解けば，l 個の未知数を求めることができる．また，各網目にループになって流れる電流を考え，これを未知数とすると，各枝の電流はそれが属する幾つかの網目の電流の和で表わすことができる．この網目電流（ループ電流）は明らかにキルヒホッフの第一法則を満足するので，結局，このような未知

数のとり方をした場合は，第一法則は自動的に満足されていることになり，この場合，第2法則だけを適用すれば問題が解けるわけである．しかし，このような網目方程式による解法より，節点の電位を未知数とする節点方程式による解法の方が簡単になる場合が多いので，次節にはこの解法について詳しく述べる．

2·6 節点解法

与えられた回路で各節点の電位を未知数とすれば，キルヒホッフの第2法則はすでに満足されたことになる．このことは電位の一義性から直ちにわかる．従って，この場合第1法則だけを考えればよい．第2·17図のように，考えている節点Pにつながっている節点をA, B, ……, N，これらとPの間の枝のコンダクタンスを $G_{PA}(=1/R_{PA})$，$G_{PB}(=1/R_{PB})$，……，$G_{PN}(=1/R_{PN})$ とし（以下Rは抵抗，Gはコンダクタンスの値を意味するものとする），さらにP点には電流 I_P を流す電流源（current source）がつながっているとする．ただし，電流源とは，これにつながる抵抗の値の如何にかかわらず，一定の電流を流す理想化された電源装置で，これの内部抵抗は無限大と考えてよい．この場合，第1法則はP点について

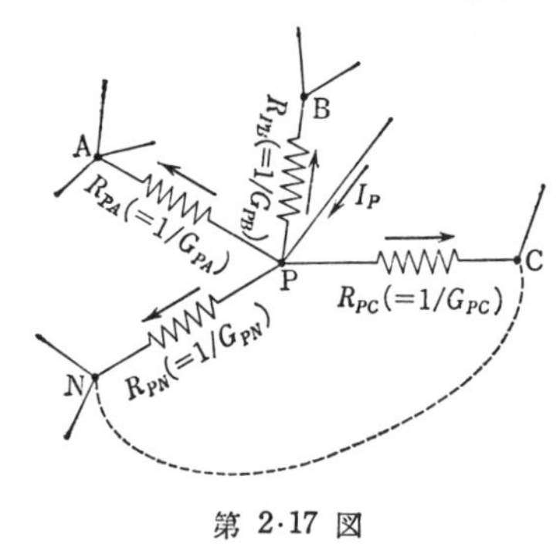

第 2·17 図

$$G_{PA}(V_P-V_A)+G_{PB}(V_P-V_B)+\cdots\cdots+G_{PN}(V_P-V_N)=I_P$$

となり，これを書きかえれば

$$(G_{PA}+G_{PB}+\cdots\cdots+G_{PN})V_P-G_{PA}V_A-G_{PB}V_B-\cdots\cdots-G_{PN}V_N=I_P \quad (2\cdot32)$$

となる．ここで，V_P の係数は A, B, ……, N の節点を零電位にした時の，P点と零電位との間のコンダクタンス，V_A の係数はPから直接Aに行く枝のコンダクタンスになっている．また，I_P はP点に流入する方向を正にとる．

各節点についてこのような式をたてれば，式の数は節点の数だけできて，問題が解けることになる．節点の電位のうち，どれか１つを基準として零にすれば，未知数の数を１つ減らすことができる．

ここに述べたような方程式を節点方程式 (nodal equation) という．節点解法は前に述べた解法より簡単になる場合が多い．次にこの解法の適用例を示す．

ホイートストン・ブリッジ　例題 2-1 で，AD 間に抵抗をつないだものを書き直せば，第 2·18 図のようになる．ただし，図で $G_1, G_2, \cdots\cdots$ 等は各辺のコンダクタンスを示す．これはホイートストン・ブリッジ (Wheatstone bridge) とよばれるものである．

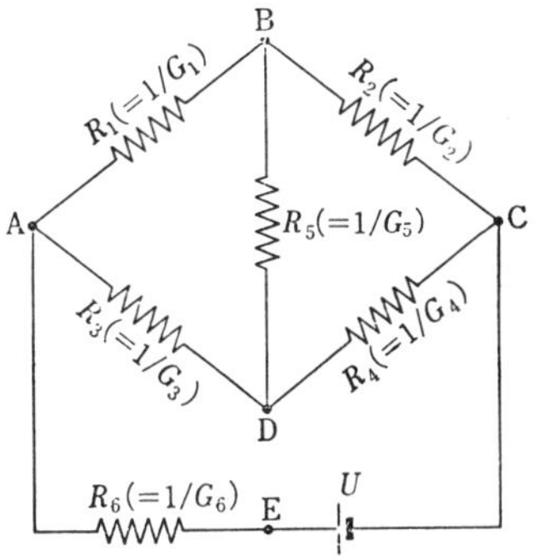

第 2·18 図

前項の方法により，A, B, D の各点の電位を V_A, V_B, V_D とし，C 点の電位を零電位とする．E 点の電位は，従って，与えられた電池の電圧 U となる．ここで，零電位にする節点にはどれを選んでも差支えないが，選び方で式の整理の手数が多少異なる．各節点について節点方程式を作れば，

$$\begin{aligned}
&\text{A点では}\quad (G_1+G_3+G_6)V_A-G_1V_B-G_3V_D=G_6U \\
&\text{B点では}\quad -G_1V_A+(G_1+G_2+G_5)V_B-G_5V_D=0 \\
&\text{D点では}\quad -G_3V_A-G_5V_B+(G_3+G_4+G_5)V_D=0
\end{aligned} \qquad (2\cdot33)$$

となり，

$$\Delta=\begin{vmatrix} G_1+G_3+G_6 & -G_1 & -G_3 \\ -G_1 & G_1+G_2+G_5 & -G_5 \\ -G_3 & -G_5 & G_3+G_4+G_5 \end{vmatrix} \begin{aligned} &=G_1G_2(G_3+G_4)+G_3G_4(G_1+G_2) \\ &\quad+G_5(G_1+G_3)(G_2+G_4) \\ &\quad+G_6\{(G_1+G_2)(G_3+G_4) \\ &\quad+G_5(G_1+G_2+G_3+G_4)\} \end{aligned} \qquad (2\cdot34)$$

とすれば

$$V_A=\frac{G_6U}{\Delta}\{(G_1+G_2)(G_3+G_4)+G_5(G_1+G_2+G_3+G_4)\}$$

$$V_B=\frac{G_6U}{\Delta}\{G_1(G_3+G_4)+G_5(G_1+G_3)\} \qquad (2\cdot35)$$

$$V_D=\frac{G_6U}{\Delta}\{G_3(G_1+G_2)+G_5(G_1+G_3)\}$$

を得る.

各枝の電流はこれから求まる.そこで,G_5に流れる電流I_5を求めてみると,

$$I_5=G_5(V_B-V_D)=\frac{G_5}{\Delta}\{G_1G_4-G_2G_3\}G_6U \qquad (2\cdot36)$$

となる. $1/\Delta$ は一般に零ではないから, I_5 が零になるためには

$$G_1G_4=G_2G_3 \qquad (2\cdot37)$$

となり, これを書きかえれば

$$R_1R_4=R_2R_3 \qquad (2\cdot38)$$

とならなければならない.

このことを抵抗の測定に利用することができる. すなわち, BD 間に検流計(galvanometer)を入れ, この間の電流が零になるように各辺の抵抗を調節すれば, この時の抵抗の間の関係は, 式 (2·38) のようになっている筈である. 例えば, R_1, R_2 を既知の固定抵抗, R_3 を既知の可変抵抗とし, R_4 を未知の抵抗とすれば, 式 (2·38) から

$$R_4=\frac{R_2}{R_1}R_3 \qquad (2\cdot39)$$

として R_4 が求まる. この場合 R_1 および, R_2 を比例辺とよび,この比を 1, 10, 100等のように選ぶ.このような抵抗測定では標準の抵抗さえ得られれば,検流計の感度を上げることによって, 精度の高い測定をすることができる.

電位差計回路 第 2·19 図のような回路の各部の電圧および電流を求める. 同図でA点の電位を零電位とすれば, CおよびD点の電位はそれぞれ U_1 および U_2 となり, B点の電位 V_B は節点方程式から直ちに

$$V_B=\frac{G_2U_1+G_3U_2}{G_1+G_2+G_3} \qquad (2\cdot40)$$

となることがわかる．従って G_3 をBからDに流れる電流 I_{BD} は

$$I_{BD}=G_3(V_B-U_2)$$
$$=\frac{G_3\{G_2U_1-(G_1+G_2)U_2\}}{G_1+G_2+G_3} \quad (2\cdot41)$$

となる．これから $I_{BD}=0$ となる条件を出せば

$$\frac{U_2}{U_1}=\frac{G_2}{G_1+G_2}=\frac{R_1}{R_1+R_2} \quad (2\cdot42)$$

となる．従って，BD 間に検流計を入れて，この電流が零になるように R_1 および R_2 を調節すれば，U_1 が既知の時は，U_2 は上式から求められる．この方法によれば，電池等の起電力や電位差を，ほとんど電流をとらずに測ることができるので，この回路は電位差計回路と呼ばれ，起電力あるいは電位差の精密な測定に用いられる．なお，この場合，U_1 としては標準電池（standard cell）と呼ばれる安定度の高い電池で較正された電池が用いられる．

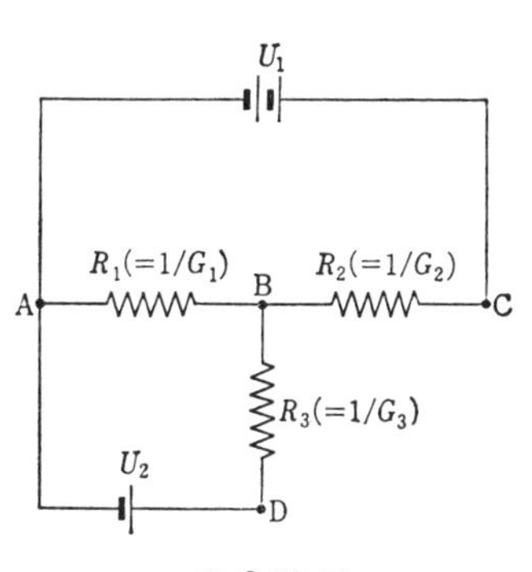

第 2·19 図

2·7 重畳の原理

回路の問題は，キルヒホッフの法則あるいはこれを変形した節点解法によって必ず解けるが，解き方を簡単にする為のいくつかの定理がある．ここに述べるのもその1つである．

重畳の原理（principle of super position） 回路の中にいくつかの起電力（電圧源）がある場合，この中のある導線に流れる電流は，各起電力を単独に1つずつ加え，他を零ボルトにした時の各々の場合の電流の和に等しい．

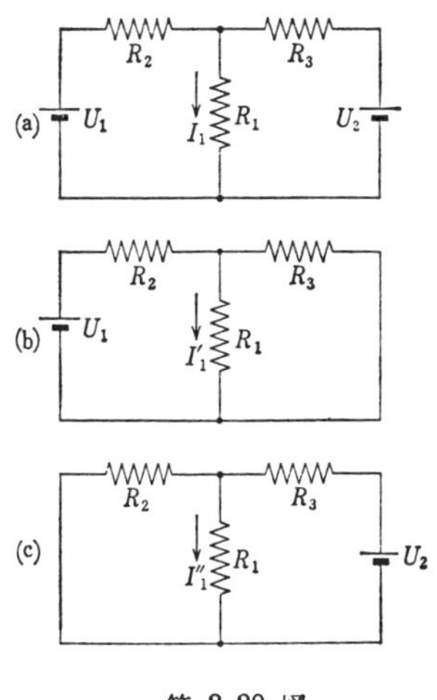

第 2·20 図

今，第 2·20 図 (a) に示す回路にこの原理を適用してみると，図の R_1 に流れる電流 I_1 は，(b)のように1つの起電力 U_1 だけを加えた時の電流 I_1' と，(c) のように他の1つ U_2 を加えた時の電流 I_1'' との和になる．すなわち，

$$I_1 = I_1' + I_1'' \tag{2·43}$$

である．従って

$$I_1' = \frac{U_1}{R_2 + \dfrac{R_1R_3}{R_1+R_3}} \cdot \frac{R_3}{R_1+R_3},\quad I_1'' = \frac{U_2}{R_3 + \dfrac{R_1R_2}{R_1+R_2}} \cdot \frac{R_2}{R_1+R_2} \tag{2·44}$$

から

$$I_1 = \frac{R_3U_1 + R_2U_2}{R_1R_2 + R_2R_3 + R_3R_1} \tag{2·45}$$

を得る．ここで，起電力の内部抵抗は零であるから，起電力を零にするには，そこを起電力のかわりに抵抗零の導線でつなぐ，すなわち短絡 (short circuit) しなければならないことを注意しておく．次に同図 (a) の R_3 を流れる I_3 を同様な方法で求めてみると

$$I_3 = I_3' + I_3'' = \frac{U_1}{R_2 + \dfrac{R_1R_3}{R_1+R_3}} \cdot \frac{R_1}{R_1+R_3} - \frac{U_2}{R_3 + \dfrac{R_1R_2}{R_1+R_2}}$$

$$= \frac{R_1U_1 - (R_1+R_2)U_2}{R_1R_2 + R_2R_3 + R_3R_1} = \frac{G_3\{G_2U_1 - (G_1+G_2)U_2\}}{G_1+G_2+G_3} \tag{2·46}$$

となり，先に求めた式 (2·41) と同じ結果が得られた．

2·8 テブナンの定理

これは簡単な手段で解を得ることができるという意味で重要な定理である．

テブナンの定理 (Thévenin's theorem) 第 2·21 図に示すように，回路の中の任意の2点から回路側を見た場合，これは起電力 E_e と抵抗 R_e を直列にもった等価回路で置きかえることができる．ただし，この起電力 E_e は，この2点に何もつながない場合に，この間に現われる起電力 (A側が正) で，R_e は回路の中の起電力をすべて短絡して，零としてしまった場合のこ

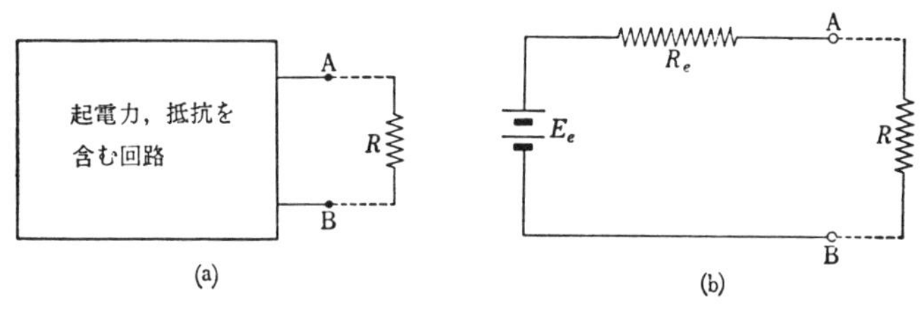

第 2·21 図

の 2 点から見た抵抗である.

この定理の証明としては，第 2·21 図 (a) および (b) のどちらにも，AB間に同じ任意の抵抗Rをつなぎ，これに流れる電流がどちらも等しくなればよいわけである.同図 (a) の回路の中の起電力だけを箱の中から出して，第 2·22 図 (a) のように書く．同図で，AA′ 間を開放した時のこの間の電位差を E_e(Aが正) とすれば，(b) のようにこの間に起電力 E_e をつないでもこれには電流が流れないから，回路の中のすべての電流分布が (a) に等しいことは明らかである.

次に (c) のように，AA′ 間に更に E_e を逆向きに直列接続すれば，この 2 つの起電力は相殺されて，AA′ 間は短絡されたのと同じことになる．従って，(c) の場合の R に流れる電流 I を求めればよいわけである．ところで，(b) と (c) の

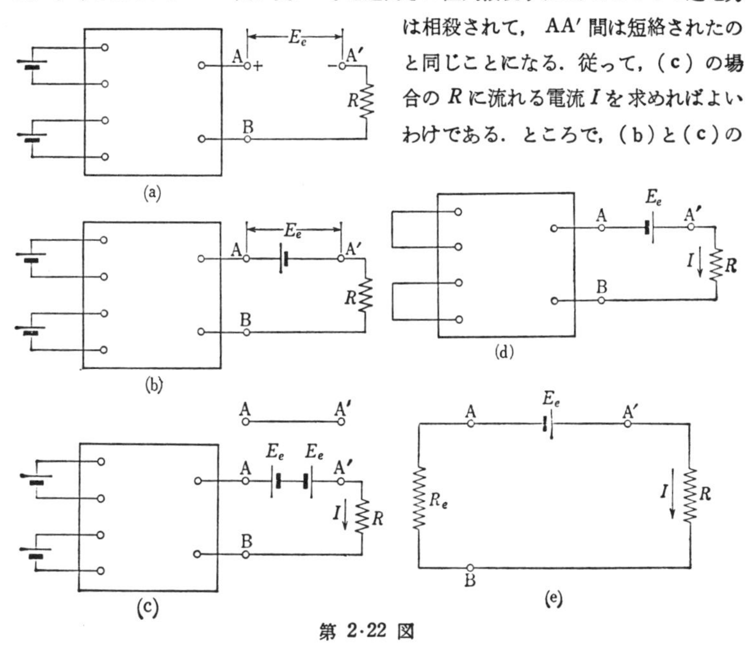

第 2·22 図

違いは逆向きに E_e を加えただけである．ここで，前節の重畳の原理を考えれば，(c)の各部の電流は，各部について，(b)の場合の電流と(d)の場合の電流を重ね合わせれば得られるのである．(b)の場合の R に流れる電流は零であるから，R に流れる電流は(c)と(d)とで等しい．従って，求める電流 I は(d)の R に流れる電流に等しい．(d)は，R_e を AB 端子から箱の方をみた抵抗とすれば，(e)に等しい．これでテブナンの定理が証明された．

次にこの適用例を示す．

電位差計回路への適用 第2·19図の R_3 に流れる電流を求めてみる．第 2·23 図に示すように，R_3 を除けば BD 間の電位差 E_e(B が正) は，

$$E_e=\frac{R_1}{R_1+R_2}U_1-U_2 \tag{2·47}$$

となり，BD から回路を見た抵抗 R_e は同図 (b) で求まり

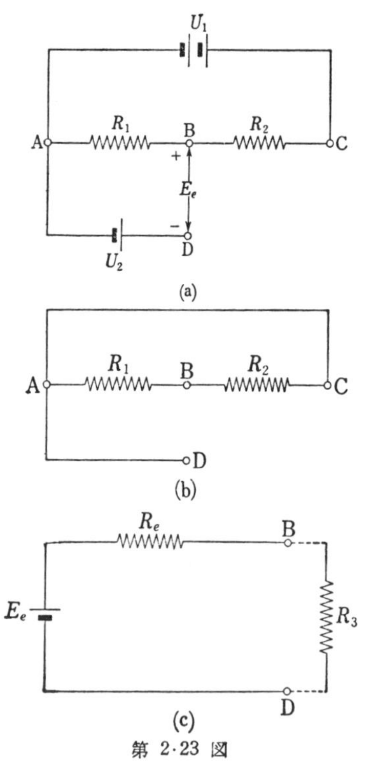

第 2·23 図

$$R_e=\frac{R_1R_2}{R_1+R_2} \tag{2·48}$$

となる．従って，テブナンの等価回路は(c)のようになり，これに R_3 をつなげば，求める電流 I_3 は

$$I_3=\frac{E_e}{R_e+R_3}=\frac{R_1U_1-(R_1+R_2)U_2}{R_1R_2+R_2R_3+R_3R_1} \tag{2·49}$$

となり，これは式 (2·41) に等しい．

ホイートストン・ブリッジへの適用 簡単の為に第2·18図の R_6 が零の時の R_5 に流れる電流を求めてみる．R_5 をはずし，BD 間を開放して，その間の電位差を求めれば，図から直ちに

$$E_e=\left(\frac{R_2}{R_1+R_2}-\frac{R_4}{R_3+R_4}\right)U \tag{2·50}$$

となる．また等価抵抗は

$$R_e=\frac{R_1R_2}{R_1+R_2}+\frac{R_3R_4}{R_3+R_4} \qquad (2\cdot51)$$

となる．ゆえに，求める電流 I_5 は

$$I_5=\frac{E_e}{R_e+R_5}=\frac{(R_2R_3-R_1R_4)U}{R_1R_2(R_3+R_4)+R_3R_4(R_1+R_2)+R_5(R_1+R_2)(R_3+R_4)} \qquad (2\cdot52)$$

これは式 (2·36) で $G_6=\infty$ として得られる結果に等しい．

2·9 電　力

電　力　電位差 V[V] とは，1[C] の電荷を電位の低い方から高い方に動かすのに，V[J] の仕事を要し，逆に高い方から低い方にこの電荷が動けば，電荷は電気系から V[J] のエネルギーをもらうことを意味する．従って第2·24図（a）のように，V[V] の電位差のあるところに，電位の高い方から低い方へ電流 I[A] が流れている時は，1秒間に VI[J] のエネルギーが電気から他の形のエネルギーに変換されている筈である．モーターの場合はこれは機械的エネルギーになり，抵抗体の場合はこれは熱エネルギーになる．第2·24図（b）のように，電位差と電流の方向の関係が上と逆になれば，電気的エネルギーが，他の形のエネルギーから変換されて，発生することになる．発電機では機械的エネルギーから，，電池では化学的エネルギーから電気的エネルギーに変換されているのである．

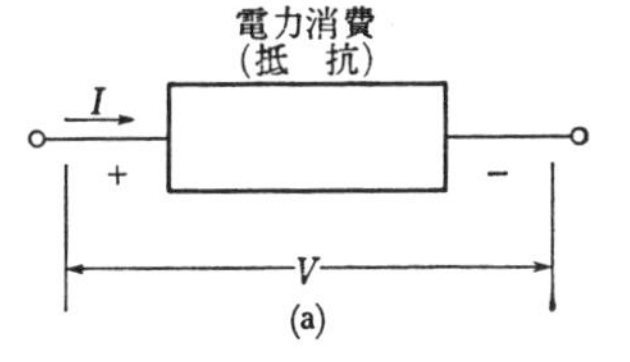

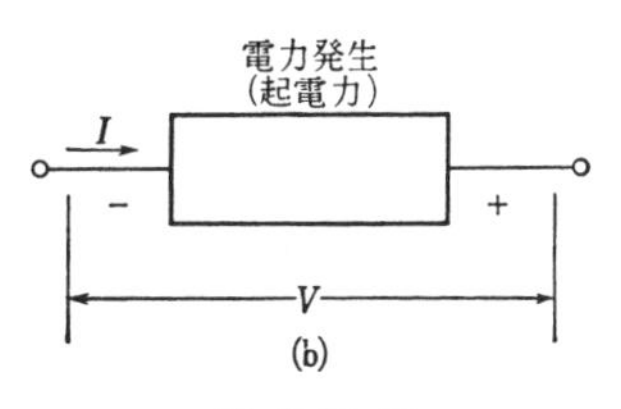

第 2·24 図

ところで，単位時間当りの仕事を工率（power）といい，その単位は

$$1[\text{watt}]=1[\text{J/sec}] \qquad (2\cdot53)$$

である．電気仕事の工率を電力（electric power）という．従って，V[V] の電位差の間に，I[A] の電流が流れている時の電力の発生または消費を $P[W]$

とすると

$$P = VI[\mathrm{W}] \tag{2·54}$$

となる．

電力量とは電力の積算値のことであり，エネルギーのことである．電力量の単位としてはキロワット時（kWh）がよく用いられる．これは

$$1[\mathrm{kWh}] = 10^3[\mathrm{W}] \times 3600\,[\mathrm{sec}]$$
$$= 3.6 \times 10^6[\mathrm{J}] \tag{2·55}$$

である．

抵抗回路の消費電力 第2·25図に示すように，端子 AA′ に抵抗でできたある回路がつながれ，これに I[A] の電流が流れている時，この回路全体の消費電力 P[W] は，各枝路の消費電力の和として

$$P = I_1^2R_1 + I_2^2R_2 + \cdots\cdots \tag{2·56}$$

となる．しかし，AA′ から測った回路の等価抵抗を R_e とすれば

$$P = I^2R_e \tag{2·57}$$

としてよい．これは，同図の（a）と（b）は AA′ 端子の電圧，電流が等しいことから，式（2·54）を考えれば，直ちにわかることである．

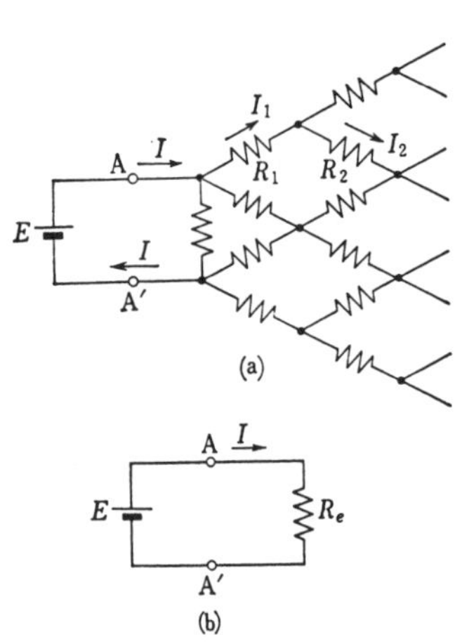

第 2·25 図

最大電源出力 電源を含む回路から，どれだけの電力が取り出せるかを考えてみよう．この場合，第2·21図（b）のテブナンの等価回路で考えれば，外につないだ抵抗Rに取り出される電力Pは

$$P = \frac{RE_e^2}{(R+R_e)^2} \tag{2·58}$$

となり，これは

$$R = R_e \tag{2·59}$$

の時最大値 P_m

$$P_m = \frac{E_e^2}{4R_e} \tag{2·60}$$

となる．このように，内部抵抗のある電源回路からは，無制限に電力が取り出せるわけではなく，ある最大値があり，最大にするにはつなぐ抵抗を式(2·59)のようにしなければならない．このように抵抗値を選ぶことを整合(matching)という．

2·10 ジュール熱

抵抗に電流が流れている時は，これに消費される電力は熱になる．これは式(2·54)から

$$P = I^2R = V^2/R \text{[W]} \tag{2·61}$$

となる．従って，t 秒間に発生する熱量Hカロリー(calorie)は

$$H = \frac{I^2Rt}{4.185} \text{ [cal]} \tag{2·62}$$

となる．このような熱をジュール熱(Joule's heat)と呼ぶ．電熱器，電灯等はジュール熱を利用したものである．また，モーター，変圧器等は熱を発生する目的のものではないのに，多少熱を発生する．これは，導線として用いている銅線の抵抗によるジュール熱であって，損失エネルギーである．これをジュール損(Joule's loss)または銅損(copper loss)とよんでいる．

電線には絶縁物として，ゴム，木綿，絹，紙および塗料等が多く用いられ，これらの絶縁物はあまり高い温度にすると，分解したり，変質したり，燃え出したりするので，使用温度を制限しなければならない．この場合の温度上昇は電線のジュール熱によるものであるが，これには，絶縁物の熱放散の良否が関係する．これらを考慮して，電線の太さや絶縁物の種類によって，このような意味の電流の限度，すなわち安全電流(current carrying capacity)が与えられている．細い電線の安全電流が小さいことはいうまでもない．発電機，モータその他の電気機器では，発熱は主に上記の銅損と，次節でのべる鉄損によるのであるが，これらは機器に流れる電流と共に増す．従って，機器の電流は制限され，その最大出力がきまるのである．

第3章　磁気および電磁気

3·1　磁石，磁界および磁束密度

磁　石　いわゆる磁石（magnet）は互に吸引したり反撥したり，または鉄片を引きつけたりする．このような現象を磁気現象（magnetic phenomena）と呼ぶ．これは静電現象とよく似ている．磁石には，上述のような性質の最も著しい場所が普通2箇所ある．この部分を磁極（magnetic pole）という．第3·1図のように，磁石を自由に回転できるようにしておくと，2つの磁極を結ぶ線（磁軸）は必ず南北の方向を向く．この北を向いている極を北極（north seeking pole）またはN極，南を向いている極を南極（souh seeking pole）またはS極と名づける．

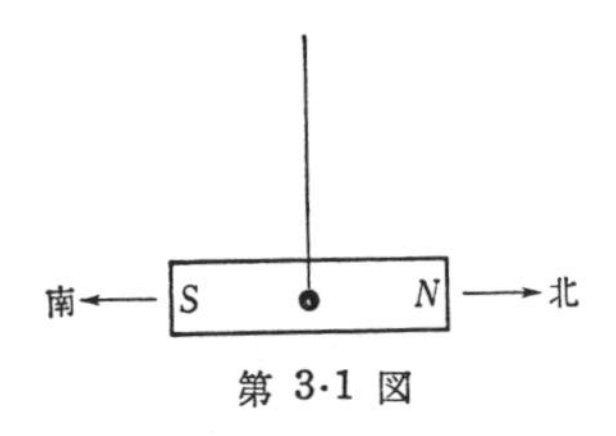

第 3·1 図

磁極に対するクーロンの法則　今，このような回転し得る磁石を2つ用意して近づけてみると，N極とS極は互に吸引し合い，N極同志またはS極同志は反撥し合うことが実験的にわかる．磁極の強さ m_1 および m_2 の2つの点磁極の間の距離が r である時，この間に働く力を F とすると

$$F=k\frac{m_1m_2}{r^2} \tag{3·1}$$

となる．ただし，k は比例定数である．これは，式（1·13）のクーロンの法則と全く同じ形をしているので，これを磁極に対するクーロンの法則という．静電気のところでは，式（1·2）または式（1·13）をもとにして，電界，電位，誘電束密度等を導いたが，電荷の代りに磁極の強さを入れた式（3·1）をもとにして，全く同様のやり方で，これらに対応する量を導くことができる．まず，式（3·1）で $k=1/4\pi\mu$ とすると

$$F=\frac{m_1m_2}{4\pi\mu r^2} \tag{3·2}$$

となるが，μは透磁率（permeability）と呼ばれ，誘電率に対応する量である．従って，μは物質の性質に関係する量で，式（1·15）と同様に

$$\mu=\mu_s\mu_0 \tag{3·3}$$

と書く．ただし，μ_s は比透磁率，μ_0 は真空の透磁率である．

M.K.S. 有理単位系では

$$\mu_0=4\pi\times10^{-7} \tag{3·4}$$

とし，式（3·2）でrをメートル，Fをニュートンで表わした時のmの単位をウエーバ（weber, Wb と略する）といい，mの正負は北極（N極）を正，南極（S極）を負にとる．

磁界その他　電界の強さに対応して，単位の磁極の強さすなわち1[Wb] に働く力をもって，磁界の強さ (intensity of magnetic field) と定義する．強さ m[Wb] の点磁極から r[m] 離れた点の磁界の強さ H は，式（1·5）と同様に，

$$H=\frac{m}{4\pi\mu_0r^2} \tag{3·5}$$

となる．磁界の方向は点磁極から考察点に向う方向である．磁界の方向を次々に連ねた線を，磁気力線または磁力線（magnetic lines of force）という．磁位差（magnetic potential difference）は電位差と同様な定義をする．すなわち，A点に対するB点の磁位差 Ω_{BA} は式（1·7）と全く同様に

$$\Omega_{BA}=-\int_A^B H\cos\theta ds \tag{3·6}$$

となる．また，式（1·8）に対しては

$$\frac{d\Omega}{ds}=-H\cos\theta \tag{3·7}$$

を得る．Ω の単位はアンペア•ターン (Ampere-turn, AT と略記) と呼ばれるが，このことについては後で述べる．従って，H の単位は式 (3·7) からアンペア•ターン/メートルとなる．誘電束密度Dに対応して磁束密度（magnetic flux density）Bを考えると，

$$B=\mu H \tag{3·8}$$

となる．この単位はウエーバ/(メートル)^2 となる．

ところで，電気の電流に対応する磁気の量については，形式的に対応をつければ，磁極の流れがありそうに思われるが，実際はこのようなものは存在しない．式の形は似ていても，磁気と電気は同種の物理現象ではないからである．電気的諸量と磁気的諸量の間の対応関係をまとめて，第3·1表に示す．

第 3·1 表　電気的量と磁気的量の間の対応

電　気　的　量	磁　気　的　量
電　荷 (Q)	磁極の強さ（磁荷） (m)
電位，起電力 (V, E)	磁位，起磁力 $(\Omega, \mathcal{F})$
電界の強さ (E)	磁界の強さ (H)
誘電束密度 (D)	磁束密度 (B)
誘電束 (ϕ_e)	磁束 (ϕ_m)
誘電率 (ε)	透磁率 (μ)
静電容量 $(C=Q/V=\phi_e/V)$	1/磁気抵抗 $(1/\mathcal{R}=m/\Omega=\phi_m/\Omega)$
電　流 (I)	な　し
抵　抗 $(R=V/I)$	な　し

3·2 物質の磁化

磁 化　磁界の中に物体を入れると，これに，第 3·2 図（a）または（b）のように磁極が表われる．このことを物体は磁化(magnetization）されたというが，物質によって磁化のされ方に強弱がある．磁化され方が強いということは，磁束が多くできる，従って磁束密度が大になる，ということであるから，式 (3·8) から μ_s が大きい，ということになる．磁性体 (magnetic material) の中には μ_s が殆んど 1 に近いものと，これと桁違いに大きいものとがある．後者は強磁性体 (ferromagnetic substance) とよばれ，この磁化は前図 (a) のようになる．前者は実用的には非磁性体 (nonmagnetic substance) とよばれ，磁化の方向は (a) の場合と (b) の場合が

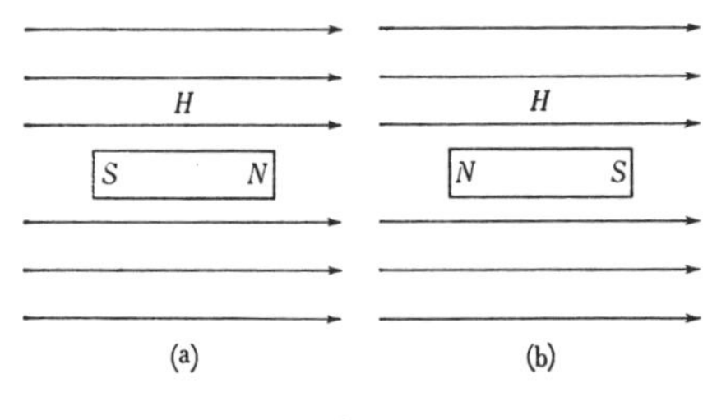

第 3·2 図

ある．強磁性体としては，鉄がその代表的なものであり，外にニッケルまたはコバルトの合金等があるが，電気工学の分野では普通，鉄および鉄合金，フェライト等が実用されている．鉄の μ_s の値は数百から数千位いである．

ヒステリシス 強磁性体では μ_s の値は，実は，完全な定数ではない．第3·3図に示すように，磁性体に磁界Hを加え，これを段々大きくしていくと，それに伴ってできる磁束密度Bは，もし μ_s が定数ならば，BとHの関係を示した図，すなわち，B–H 曲線は直線になる筈である．ところが，磁性体ではB–H 曲線は，第3·3図に示すように，初めて磁化する時は曲線OPのようになって，Hが大きくなるとBの増加は段々小さくなり，最後には

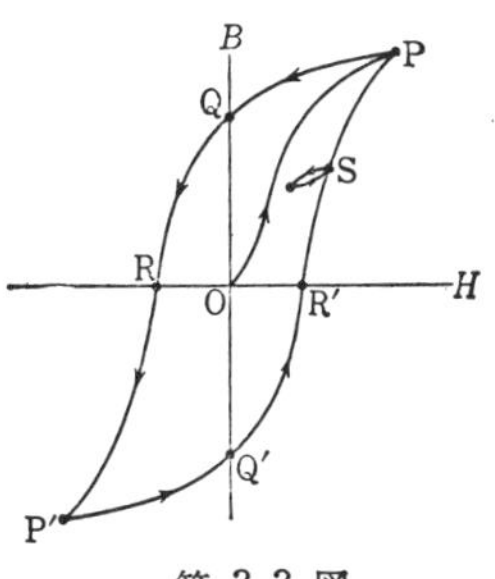

第 3·3 図

$B=\mu_0 H$ の関係の直線になる．しかし，強磁性体では $\mu_s \gg 1$ であるから，この直線部分の傾斜は曲線の初めの部分に比べれば，殆んど水平に近い．この値をBの飽和値という．また，この曲線を磁化曲線（magnetization curve）または飽和曲線（saturation curve）という．次に，このP点から磁界を段段減らしていくと，B–H 曲線はもとの曲線をたどらずに，Hが零になってもBは零にならず，図のように曲線PQを描く．$\overline{\mathrm{OQ}}$ の値を残留磁気（residual magnetism）という．次に，磁界を逆方向に段々増していくと，曲線QRをたどり，H が逆方向に $\overline{\mathrm{OR}}$ の値になった時，初めてBが零になる．このHの値を保磁力（coersive force）という．さらに逆方向の磁界を増してこの方向に飽和（saturation）させ，ここからまた引返して前のP点の磁界に等しくすると，B–H曲線は，結局，PからQ, R, P′, Q′, R′, を経てもとのPにかえる．また，この途中の点で磁界が小さい変化をした時は，例えば，同図のS点の付近の小さいループのような変化をする．このように，磁束密度の値は磁界の値をいっただけでは一義的に決まらず，それまでに磁界をどのように変化させて来たかという経歴によって異なる．このような現象を磁気ヒステリシス（magnetic hysteresis）という．また前図のPQRP′Q′R′Pの

ようなループをヒステリシス・ループ(hysteresis loop)という．磁石は鉄のヒステリシス現象によってできるのである．1度磁界を加えた後これを取り去っても，残留磁気があるからである．しかし，磁石の中にはその形に関係した減磁力(demagnetizing force)，つまり逆方向に磁化しようとする磁界が存在し，前図からわかるように，このため，磁石中のBの値は曲線QR上の1点に対する値になっている．従って，磁石材料としては，残留磁気と共に，保磁力の大きいことが必要である．ところで，ヒステリシス・ループを1回描くと，この面積に比例するエネルギーが磁界から鉄に与えられる．これは鉄の中で熱になる．回転機械や変圧器のような電気機器では，鉄が，変化する磁界の中に置かれているのが普通である．このような場合ヒステリシスがあれば，その面積に比例するエネルギーが損失になるわけで，これをヒステリシス損(hysteresis loss)または鉄損(iron loss)といい，鉄はこのために発熱する．電気機器では，ヒステリシス・ループの小さいものがよいことはいうまでもない．しかし，鉄のこのような特性は磁石の外にもいろいろ利用されている．例えば，ヒステリシス現象は計算機の記憶素子(memory element)に利用されている．それは，Hが零の時，Bが2つの値のどちらをとるかは，それ以前の磁界が正であったか負であったかによってきまるのであり，これは磁界の正負を記憶しているといってよいからである．また，B-H 曲線が曲るという性質は，磁気増幅器(magnetic amplifier)に利用されている．

磁性の本質 第3·1表のような対応によれば，透磁率と誘電率とが対応する．従って磁気的現象は，現象的な見方からいえば，誘電現象と同じように説明することができる．すなわち，物質の磁化は，磁界による物質の磁気的分極(magnetic polarization)であるとすればよい．しかし，実際の分極の機構については，上のような類似関係は成り立たない．磁気的分極の源は電子である．電子は原子核のまわりを軌道運動をすると共に，自転運動(スピン，spin)をしている．スピンの為に電子自身は磁気モーメント(微小磁石と同じ性質)をもち，また，軌道運動によってもモーメントをもつ．また，原子核自身もモーメントをもつが，これは上記のものにくらべて無視できる．今，原子に磁界が加わると，電子スピンは磁界の方を向き，第3·2図(a)のようになり，誘電体の場合と同じような分極を生じ，透磁率が1より大きくなる．ところが，この外に軌道運動によるものがあるが，これは導線の輪に電流が流れているようなもので，次節に述べることから判るように，これによって生ずるモーメントは第 3·2 図 (b) のようになる．これはスピンの時と逆向きであるから分極は負で，従って，これによる透磁率は1より小さくなる．一般には，これら2つの作用の重ね合せになり，全体としてその前者の作用が強い物質を常磁性体 (paramagnetic substance) と云い，その反対の場合を逆磁性体または反磁性体 (diamagnetic substance) と呼ぶ．

強磁性体では上記のものに比べて分極が非常に大きい．この原因は強誘電体の場合と似ていて，原子全体のモーメントがどの原子も同一方向に並んでいるようなある大きさの領域 (磁区，magnetic domain) があり，この領域全体のモーメントが磁界によって回転する為である．この外に磁区内に2種類以上の原子モーメントがある場合，反強磁性とかフェリ磁性と云われるものが生ずることがあるが，この説明は省略する．

なお，超伝導状態の金属では非常に大きい反磁性を示すことが知られている．

3·3 電流による磁界

右ネジの法則 これまで，磁界は磁石によって作られるものとしていたが，電流によっても磁界を作ることができる．このことは Oersted によって初めて実験された．

磁界の方向は，例えば，磁針で測ることができるが，直線電流の付近の磁界は第 3·4 図 (a) またはその断面図 (b) に示すようになる．また，ループ電流の場合は (c) および (d) に示す．これらから，電流の方向とそれによってできる磁界の方向との関係をまとめれば，次のようになる．

磁界の向きに右ネジを回転させた時，そのネジの進む方向が電流の向きになる．あるいは，電流の向きに右ネジをまわすと，進む方向が磁界の向きになる．

この関係を，アンペアの右ネジの法則 (Ampère's cork screw rule) という．

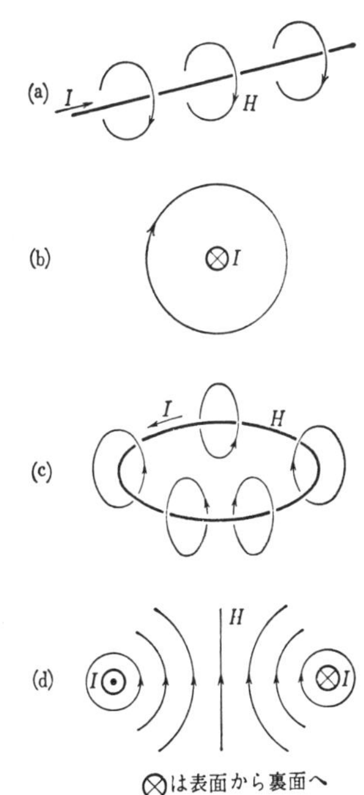

第 3·4 図

等価磁石　導線を小さい輪にして，これに電流を流すと，付近に第3・5図(a)に示すような磁界ができるが，これと，同図(b)に示すような，適当な強さの小さい磁石の付近の磁界とを比べると，導線あるいは磁石のごく近傍を除けば，この両者は全く等しいことが実験的にわかる．従って，この電流の小さい輪は小磁石で置きかえることができる．ただしこの場合，磁石の軸は輪の面に垂直にし，その向きは，磁界の向きが電流と右ネジの関係になるように置く．このような磁石を等価磁石（equivalent magnet）という．等価磁石のモーメント（磁極の強さ×磁極間の距離）は電流の大きさに比例する．

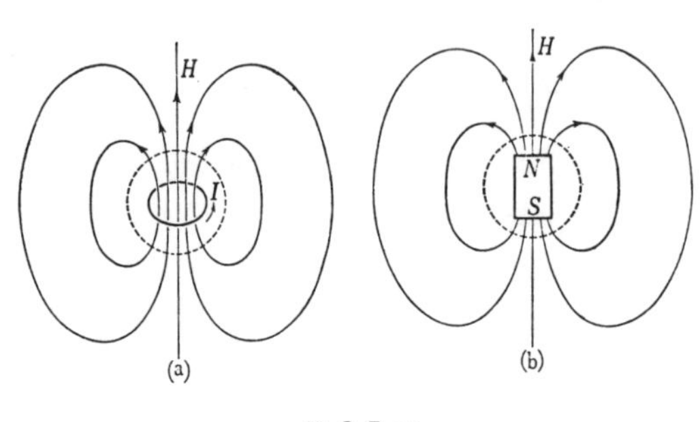

第3・5図

等価板磁石　第3・6図(a)のような，任意の形の，大きい導線の輪に電流Iが流れている場合を考える．今，(b)のように輪を縁にした網を考え，各網目には，(a)と同じ向きに電流Iを流すとすれば，縁を除く網目と網目の境の導線には，正負の電流が相殺して流れないのと同じである．従って，(a)と(b)とは等しいことがわかる．ここで網の形は縁さえ(a)と同じならば，どのような形でもよいことはいうまでもない．そこで，十分細かい網目を考えると，各網目は，前述のことから，微少磁石で置きかえることができる．全部の網目を置きかえると，網は磁石の板になる．結局，第3・7図に示すように，電流の輪はこれを縁にする板磁石で置きかえることができる．これを等価板磁石（equivalent magnetic shell）という．等価板磁石の単位面積当りのモー

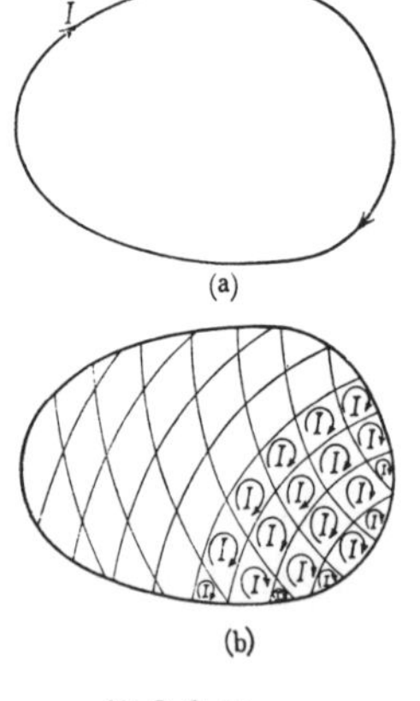

第3・6図

メントがもとの導線の電流に比例することは明らかであろう.

周回積分の法則 第3·7図に示すように, 板磁石の表裏の近接した2点をそれぞれPおよびQとすると, この2点間の磁位差Ωは, 平行板コンデンサの問題と全く同様に求められ, 式(1·22)に対して $\Omega=\dfrac{md}{\mu S}$ (3·9)

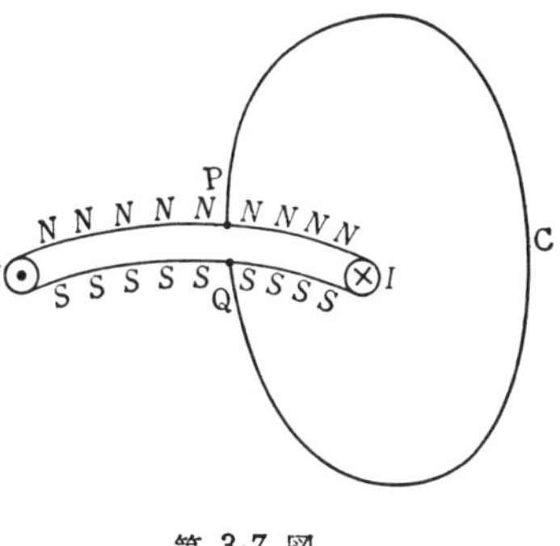

第3·7図

となる. ただし, Sは面積, dは磁極間距離, m/Sは単位面積当りの磁極の強さである. ここで, md/Sは単位面積当りのモーメントを表わすから, これをMとすると

$$\Omega=\frac{M}{\mu} \tag{3·10}$$

となる. 一方, Ωは式(3·6)によって, 磁界を同図のQCPの経路について積分しても得られ, この両者は等しくならなければならない. 従って

$$\int_{\mathrm{PCQ}} H\cos\theta ds=\frac{M}{\mu} \tag{3·11}$$

ところで, 板磁石は仮想的なものであり, QとPの間には, 実は何も存在しないので, この間の距離を十分近づければ, 上式は

$$\oint_{\mathrm{C}} H\cos\theta ds=\frac{M}{\mu} \tag{3·12}$$

となる. 上式左辺は電流の輪をPCQの向きに一回取囲む路についての積分を意味する. ここで, 電流の輪と積分路とのこのような関係を, 互に鎖交(interlink)しているという. この式のM/μは等価磁石のもので, これがもとの電流Iに比例することはこの節の初めに述べた. ところで, 電気と磁気の現象の間の関係はここで初めて出てきたのであるから, その比例定数は勝手に決めることができるが, *M.K.S.*有理単位系ではこれを1に選ぶ. 従って

$$\oint_{\mathrm{C}} H\cos\theta ds=I \tag{3·13}$$

なる式を得る.これをアンペアの周回積分の法則(Ampere's circuital law)という.この式の積分の向きは磁界の方向に選んでいるのであるから，これと電流の向きとは，前に述べた右ネジの関係にあることは明らかである.積分路の向きを逆にすれば，上式右辺の符号は負となる.この式では，積分路が1回電流に鎖交している場合であるが，N回鎖交している時は，

$$\oint_{C} H\cos\theta ds = NI \quad (3\cdot14)$$

としなければならない.電流と積分路のいろいろな鎖交状態を，第3·8図に示す.

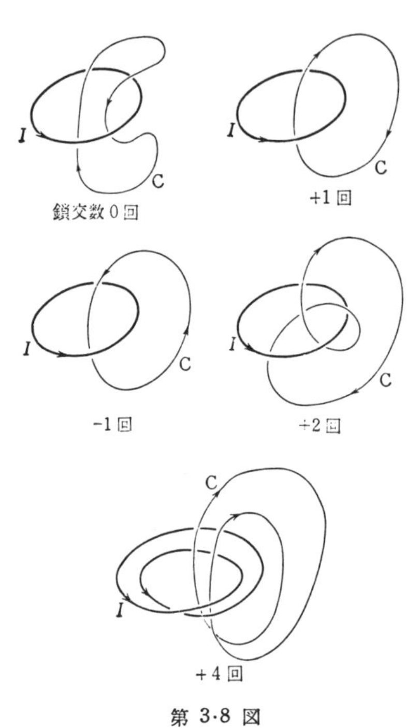

第 3·8 図

式(3·14)左辺は磁位差，すなわち起磁力(magnetomotive force)を意味するから，この式から，起磁力の単位はアンペア回数(Ampere-turn, AT と略記)となることがわかる.周回積分の法則は電流による磁界を求める為の，基礎的な重要な式である.

3·4 ビオ·サバールの法則

電流Iの流れる線の，長さ ds の部分が，それからrの距離の点Pに作る磁界 dH は

$$dH = \frac{I\sin\theta}{4\pi r^2}ds \quad (3\cdot15)$$

で与えられる.ただし，この式で，θは第3·9図に示すように，ds の部分の電流の方向($\overline{OL}$)と，dsからPに向う方向($\overline{OP}$)とのなす角である.dH の方向は $\overline{OL}$ と $\overline{OP}$ とを含む面に垂直で，その向きは電流の向きと右ネジの関

係にある．上式の関係を，ビオ・サバールの法則 (Biot-Savart's law) という．これは，式 (3·14) に適当な仮定を加えれば，導き出すことができる．上式は，電流の輪について，これを積分して用いられるのが常であり，この場合は式 (3·15) と式 (3·14) とは全く同一である．しかし，問題によっては，式 (3·14) の方が使い易いこともある．ここでは式(3·15)の誘導は省略したが，次の例題で，この2つの法則が同じものであることを示そう．

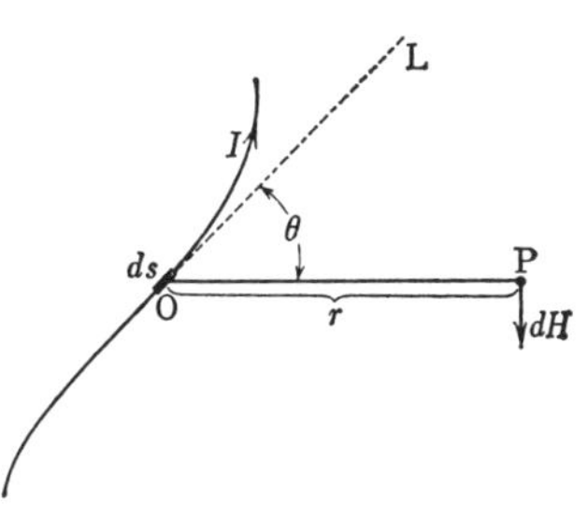

第 3·9 図

例題 3-1 無限長直線状電流による磁界を求めよ(第 3·10 図).

周回積分の法則による解 電流の大きさを I とし，電流に垂直な面内の，電流を中心とする半径 r の円周上の磁界を H とする．電流の向きを逆向きにすれば，磁界は逆向きになり，また，電流の線を，その向きが逆になるように 180° まわせば，磁界はこれについてまわる．この両者は全く同じものでなければならない．このことから，磁界の動径成分はないことがわかる．また，磁界の電流方向の成分は，電流との鎖交に無関係なことから，存在しないことがわかる．結局，磁界 H は常に円周の接線方向に向いており，対称性から，大きさは円周上どこでも等しいことがわかる．この円周を積分路として，式 (3·13) を適用すれば，

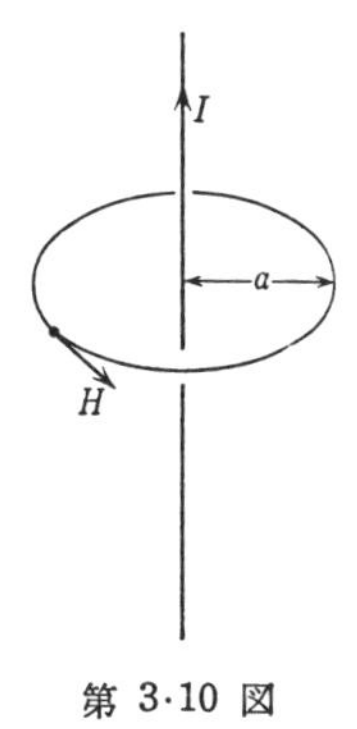

第 3·10 図

$$I=\oint H\cos\theta ds=2\pi aH \quad (3\cdot16)$$

となり，

$$H=\frac{I}{2\pi a} \quad (3\cdot17)$$

を得る．ただし，H の向きは I と右ネジの関係になる向きを正とする．

ビオ・サバールの法則による解 第 3·11 図に示すように r, θ および ds をとれば，dH は式 (3·15) から求まり，H は

$$H=\int_{-\infty}^{\infty}\frac{I\sin\theta}{4\pi r^2}ds$$

$$=\frac{I}{4\pi a}\int_0^{\pi}\sin\theta d\theta$$

$$=\frac{I}{2\pi a} \quad (3\cdot18)$$

となる．

第 3·11 図

例題 3-2 無限長ソレノイドの中の磁界を求めよ．

解 円筒上に，細い導線を密にまいたものをソレノイド (solenoid) という．まず，無限長ソレノイドの内部又は外部の任意の点Pにおける磁界を考える．今，第3·12 図に示すように，F面の右側のソレノイドの部分だけによるP点の磁界を H_1 とすると，左側の部分による磁界は，対称性を考えれば，H_2，すなわち，Pからソレノイドの軸に平行に引いた線に関して，H_1 と対称な方向で，大きさが相等しい磁界となり，全ソレノイドによる磁界，すなわち両磁界の合成値の方向はソレノイド軸と平行になる．結局，無限長ソレノイドによる磁界は至る所ソレノイド軸に平行になり，その大きさはソレノイド軸に平行な直線上の各点で相等しい．今，ソレノイド内に，同図に示すような矩形 ABCD を考え，$\overline{\mathrm{AB}}$ および $\overline{\mathrm{CD}}$ をソレノイド軸に平行，他の辺をこれに垂直とし，$\overline{\mathrm{AB}}$ および $\overline{\mathrm{CD}}$ 辺上の磁界の強さを，AからBに向かう方向を正としてそれぞれ H_{AB} および H_{CD} として，この矩形を積分路として周回積分の法則を適用すれば

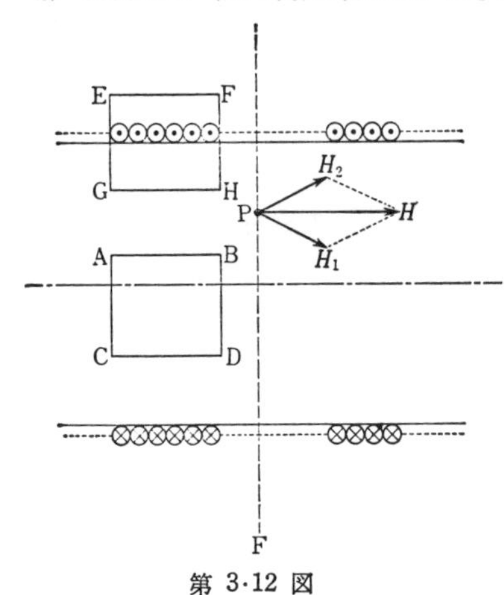

第 3·12 図

$$0=\oint_{\mathrm{ABDCA}} H\cos\theta ds=H_{\mathrm{AB}}\overline{\mathrm{AB}}-H_{\mathrm{CD}}\mathrm{CD}$$

ゆえに

$$H_{\mathrm{AB}}=H_{\mathrm{CD}}(=H) \tag{3·19}$$

この関係は $\overline{\mathrm{AB}}, \overline{\mathrm{CD}}$ の位置によらず成立する．従ってソレノイド内部では，どこでも等しい大きさで方向も同じ一様磁界 (H) があることがわかる．ソレノイド外部についても，上と全く同様の考えで，磁界が一様であることがわかるが，無限に遠い点の磁界は零と考えてよいから，外部に磁界はないことになる．次に，EFGH のような矩形積分路を考える．ただし，$\overline{\mathrm{EF}}$ および $\overline{\mathrm{GH}}$ はソレノイド軸に平行で，それぞれソレノイド外および内にあるものとする．これは電流と鎖交するので，単位長当りのソレノイドの巻数を n，電流を I とすると，

$$nI\mathrm{GH}=\oint_{\mathrm{EGHFE}} H\cos\theta ds=H\overline{\mathrm{GH}}$$

これから

$$H=nI \tag{3·20}$$

を得る．有限の長さのソレノイドの場合は，端の付近の磁界は一様でなくなり，ここでは上式は正しくない．

3·5 磁気回路

磁気回路 電気的諸量と磁気的諸量の対応については3·1で述べたが，

この対応によれば，1·8 で述べた静電容量に対応する磁気的な量は，第 3·1 表に示すように，$\phi_m/\Omega(=m/\Omega)$ であり，これは，対応関係からいえば，静磁容量とでもいうべき量であるが，実は以下に述べるような意味で，Ω/ϕ_m $(=\Omega/m)$ を磁気抵抗（magnetic resistance）と名づけている．磁気の問題では，第 3·13 図のように，鉄の中だけに磁束が通る（鉄の μ_s は空気に比べて非常に大きいから，このような場合，空気中を洩れるものは普通考えなくてよい）ような問題が多いので，対応関係を

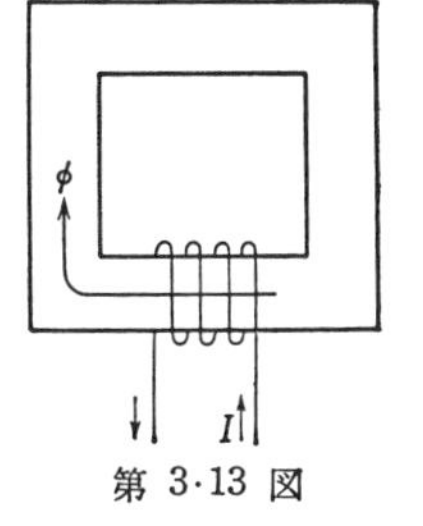

第 3·13 図

$$
\left.
\begin{array}{l}
\text{起電力}\ (E)：\text{起磁力}\ (\mathcal{F}) \\
\text{電圧}\ (\text{電位差})\ (V)：\text{磁位差}\ (\Omega) \\
\text{電流}\ (I)：\text{磁束}\ (\phi_m)
\end{array}
\right\} \qquad (3\cdot21)
$$

のようにとれば，磁位差と磁束の関係については，電流が導線の中だけを流れるとした電気回路の問題と同様な取扱いをすることができて便利である．このような磁束の通路を，電気回路に対応させて，磁気回路（magnetic circuit）と名づける．

磁気抵抗　上述の対応を進めれば，電気回路の電気抵抗（＝電圧/電流）に対して，磁気回路の磁気抵抗（＝磁位差/磁束）が考えられる．3·2 で述べたように，磁界と磁束密度とは鉄については常に比例するとはいえない．けれども，磁位差があまり大きくない場合については，この両者は大体比例するとしてよい．つまりこの場合，磁気回路についてもオームの法則が大体成り立つ，としてよいわけである．従って，磁気回路の問題は，厳密ではないが電気回路と同様な方法で解くことができる．次に，この様な場合の磁気抵抗の計算例を述べる．第 3·14 図に示すように，断面積 $S(\mathrm{m}^2)$，長さ $l(\mathrm{m})$，透磁率 μ の一様な鉄の棒の磁気抵抗 $\mathcal{R}$ を求めて見る．棒の両端に Ω の磁位差が加わり，中の磁界の強さが H，磁束密度が B，であるとすると，H も B も大体棒の長さの方向に平行になり，Ω は式（3·6）から

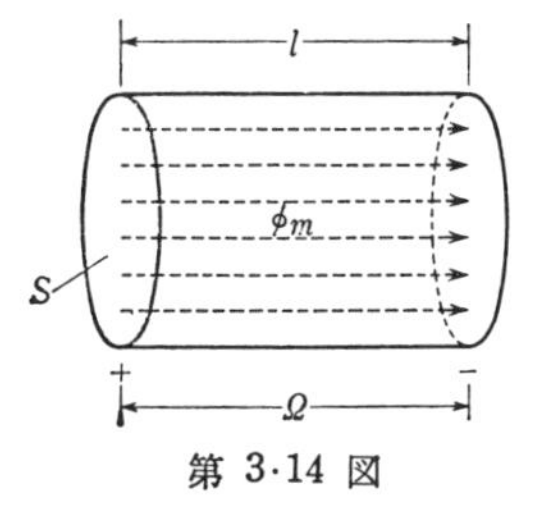

第 3·14 図

$$\Omega = Hl \tag{3·22}$$

となり，棒を通る全磁束 ϕ_m は

$$\phi_m = BS \tag{3·23}$$

となる．従って

$$\mathcal{R} = \frac{\Omega}{\phi_m}$$

なる式に，式 (3·22)，(3·23) および式 (3·8) を入れて

$$\mathcal{R} = \frac{l}{\mu S}\ [\mathrm{AT/Wb}] \tag{3·24}$$

を得る．鉄の棒については磁気抵抗はこの式で求めればよい．

起 磁 力 磁束を作るには，磁気回路のどこかに起磁力がなければならない．起磁力の正負と磁束との関係は起電力と電流の第 2·5 図の関係と同じであることはいうまでもない．起磁力は第 3·15 図（a）のように磁石で作ることもあるが，（b）または（c）のように，磁気回路にコイルをまいて，これに電流を流して作ることもできる．後者の場合の磁気回路の起磁力（$\mathcal{F}$）を求めるには，式 (3·14) を用いればよい．すなわち，磁気回路を1回まわって，もとの位置にもどった時の磁界の積分の値，すなわち起磁力 $\mathcal{F}$ は，式 (3·14) によれば

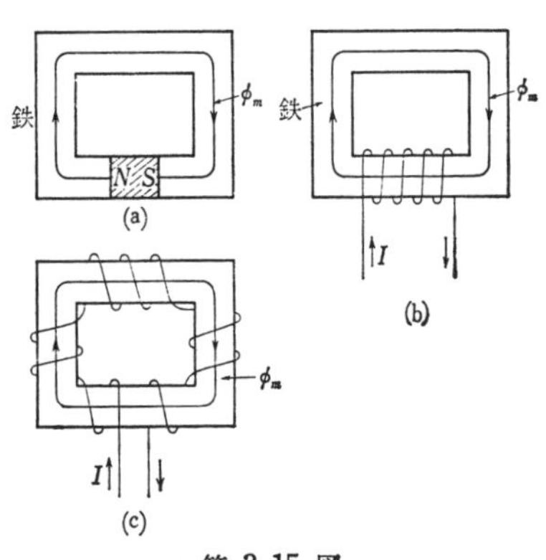

第 3·15 図

$$\mathcal{F} = NI \tag{3·25}$$

となる．ただし，この式の I はコイルの電流であり，Nは磁気回路と電流との鎖交数で，$\mathcal{F}$ の符号は磁束の正の方向と電流の正の方向が，3·3 に述べたような右ネジの関係の時を正とすることはいうまでもない．

ところで，第 3·15 図（a）の磁石は，電気回路の電池のように，簡単に起磁力一定のものが磁気回路に挿入されたものと見ることはできない．これ

は磁石のヒステリシス特性から図式的に求めなければならない．元来，磁石というものは，3·2 で述べたようにヒステリシスの大きいものだからである．

磁気回路の例 次に，第 3·16 図に示すように，一様な断面積 S[m²]，その中心の長さ l_1[m] の透磁率 μ の鉄と，l_2[m] の小さい空気間隙 (air gap) を有する磁気回路に，N巻で I[A] の電流が流れるコイルによって磁束を作るとした時の磁束，磁界その他の量を求めて見る．

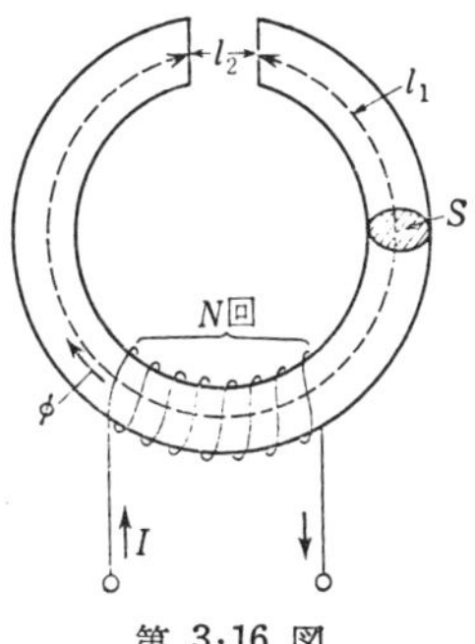

第 3·16 図

まず，この磁気回路の磁気抵抗を求める．鉄でできた磁気回路では，本節の初めに述べたように，オームの法則がそれ程厳密に成り立つ訳ではないので，このような場合は厳密な計算は意味がない．従って，鉄の部分の磁気抵抗 $\mathcal{R}_1$ は，断面積 S，長さ l_1 の真直な棒の場合に等しいとして計算する．これは式 (3·24) から

$$\mathcal{R}_1=\frac{l_1}{\mu S} \tag{3·26}$$

となる．空気間隙の磁気抵抗 $\mathcal{R}_2$ は，l_2 が小さいので，この間の磁束は殆んど広がらないとして，磁束の断面積はやはり S であると考え，同様にして

$$\mathcal{R}_2=\frac{l_2}{\mu_0 S} \tag{3·27}$$

となる．従って，この場合の回路の合成磁気抵抗 $\mathcal{R}$ は

$$\mathcal{R}=\mathcal{R}_1+\mathcal{R}_2=\frac{1}{\mu_0 S}\left(\frac{l_1}{\mu_s}+l_2\right) \tag{3·28}$$

となる．この回路の起磁力 $\mathcal{F}$ は NI[AT] であるから，磁束 ϕ は

$$\phi=\frac{\mathcal{F}}{\mathcal{R}}=\frac{\mu_0 SNI}{\dfrac{l_1}{\mu_s}+l_2} \tag{3·29}$$

となり，磁束密度 B は回路の中でどこでも一定で

$$B=\frac{\phi}{S}=\frac{\mu_0 NI}{\dfrac{l_1}{\mu_s}+l_2} \tag{3·30}$$

従って，鉄心中の磁界の強さ H_1 および空気間隙中の磁界の強さ H_2 はそれぞれ

$$H_1=\frac{B}{\mu}=\frac{NI}{\mu_s\left(\dfrac{l_1}{\mu_s}+l_2\right)} \tag{3·31}$$

および

$$H_2=\frac{B}{\mu_0}=\frac{NI}{\dfrac{l_1}{\mu_s}+l_2} \tag{3·32}$$

となることがわかる．実用上は空気間隙中の磁界が利用されることが多いが，これは式 (3·32) のように，同じ鉄材で同じ起磁力でも，一般には l_1 および l_2 の値によって異なるわけで，

$$\frac{l_1}{\mu_s}\ll l_2 \text{ の時}\qquad H_2\fallingdotseq\frac{NI}{l_2} \tag{3·33}$$

$$\frac{l_1}{\mu_s}\gg l_2 \text{ の時}\qquad H_2\fallingdotseq\frac{\mu_s NI}{l_1} \tag{3·34}$$

となり，鉄では，μ_s が数百ないし数千程度の大きい値をもつことを考えれば，l_2 が余程小さくない限り，式 (3·33) が成り立ち，H_2 には μ_s より l_2 の方が大きく影響することがわかる．

鉄が飽和する所まで磁界を強くするような場合は，もはや磁気抵抗を一定とする上のような方法を使うことはゆるされないが，鉄心の部分の磁位差を Ω_1，空気の部分のを Ω_2 とすれば，

$$\mathcal{F}=NI=\Omega_1+\Omega_2 \tag{3·35}$$

となり，この式は $\mathcal{R}$ に無関係だからこの場合も使ってよい．ϕ と Ω_1 は

$$\Omega_1=H_1 l_1 \qquad \phi=BS \tag{3·36}$$

となることを考えれば，この鉄の ϕ–Ω 曲線が B–H 曲線から求まり，また，空隙中では飽和することはないので，前の通り

$$\Omega_2=\phi\mathcal{R}_2 \tag{3·37}$$

としてよいから，結局，式 (3·35)～(3·37) の各式を用いれば，ϕ–Ω_1 曲線から次のようにして ϕ と $\mathcal{F}$ の関係を求めることができる．第 3·17 図にそ

の作図を示す．作図は，まず，$\mathscr{F}$ 軸上に適当な点Aをとり，これから $\mathscr{F}$ 軸とのなす角 θ が，$\mathscr{R}_2=\cot\theta$ となるような直線を引き，ϕ-Ω_1 曲線との交点をBとし，Bから $\mathscr{F}$ 軸に平行に引いた直線と，Aから ϕ 軸に平行に引いた直線との交点をCとすると，Cが求める曲線上の一点となる．このような点を次々に作り，つらねていけば ϕ-$\mathscr{F}$ 曲線が得られる．この作図の意味は，Bから $\mathscr{F}$ 軸に下した垂線の足をDとすれば，$\overline{BD}$ なる磁束に対して，鉄の磁位差が $\Omega_1(=\overline{OD})$ で空隙の磁位差が $\Omega_2(=\overline{DA})$ となり，Cが ϕ-$\mathscr{F}$ 曲線の一点となるべきことがわかる．

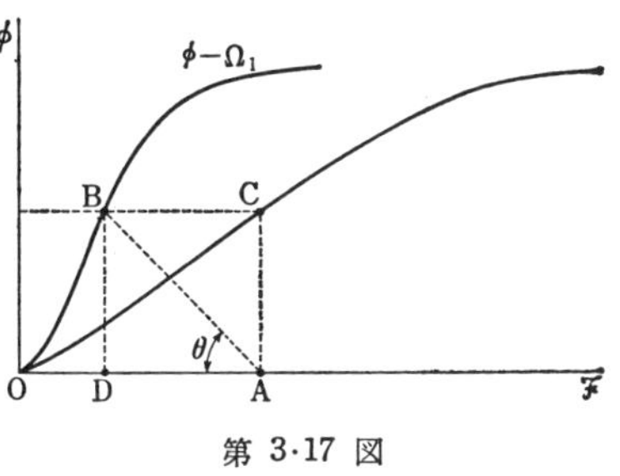

第 3·17 図

3·6 電流に働く力

電流の流れている導線が磁界の中に置かれていると，導線には，その電流および磁界の強さに比例する力が働くことが実験からわかるが，このことは今までに述べた事柄から説明することができる．以下これについてのべる．

電流間の力　まず，2本の無限長平行線電流の間に働く力を求めて見る．電流による磁界は等価板磁石で電流を置きかえて考えればよいことは3·3 で述べたが，電流に働く力はこの板磁石同志の力に等しいと考えてよいであろう．直線電流をそれぞれ I_1 および I_2 とし，その間隔を r とすると，第 3·18 図に示すように，これらはそれぞれの電流を縁とする2枚の板磁石で置きかえることができる．この板磁石同志の力を考えると，図の場合は，NとNまたはSとSの距離はNとSの距離より遠いので，吸引力が反撥力に打勝って，2つの板磁石は互に吸引する筈である．この力の大きさを求め

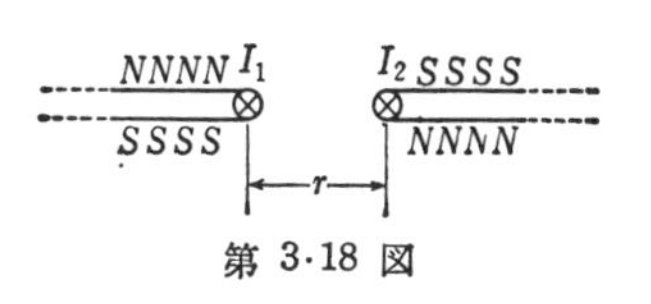

第 3·18 図

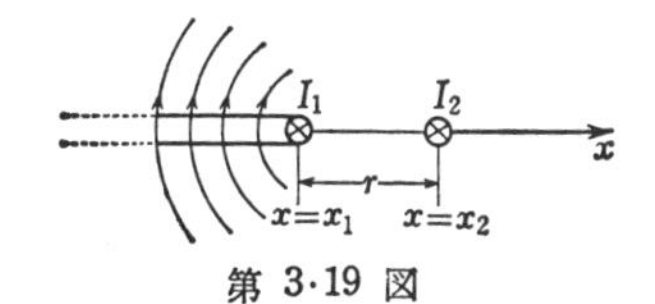

第 3·19 図

るにはエネルギーから計算すればよい．すなわち，今，電流 I_1 に働く，その単位長さ当りの力を求めるのに，第 3·19 図に示すように，I_1 だけを等価板磁石で置きかえ，これが I_2 による磁界の中にあると考え，この板磁石がもっているエネルギーを単位長さ当りWとし，I_1 から I_2 に向う方向を x 方向とすれば，求める単位長さ当りの力Fの x 成分 F_x は

$$F_x=-\frac{\partial W}{\partial x} \tag{3·38}$$

で求まる筈である．ここで W を求めなければならないが，まず，一様な磁気モーメントをもつ板磁石が，一様な磁界 H_2 の中に置かれている時のエネルギーを求めて見る．第 3·1 表の対応によれば，板磁石のエネルギーは，これの両表面を極板と考えたコンデンサのエネルギーに等しい．従って，この計算は 1·10 と同様になる． ただし，ここで異なるのは，式 (1·41) の v に外部からの電界による電位差 V_{21} を加えなければならぬことである．V_{21} は q に無関係な定数だから，結局，この場合の全エネルギー W は

$$W=\frac{1}{2}VQ+V_{21}Q \tag{3·39}$$

となり，これを前記の対応で，第 3·20 図に示すような板磁石の問題に直せば，

$$W=\frac{1}{2}\Omega_1 \mathrm{m}_1+\Omega_{21}\mathrm{m}_1 \tag{3·40}$$

第 3·20 図

となる．ここで，Ω_1 は板磁石の自分自身の磁極による磁位差，Ω_{21} は I_2 による磁界 H_2 が板磁石の上下の面間に作る磁位差，m_1 は板磁石の磁極の強さである．上式右辺の第 1 項は板磁石自身を作りあげるのに要する仕事で，H_2 には無関係であり，第 2 項が板磁石を磁界が零の所から H_2 の所に持って来るのに要した仕事を意味する．従って，式 (3·38) で力を求める際，第 1 項は位置に無関係な量だから零となり，考える必要はない．

今，板磁石の厚さを d，面積を S_1，単位面積当りのモーメントを M_1 とすると，この図の場合は，

$$\Omega_{21}=-H_2d, \qquad m_1=\frac{S_1M_1}{d}$$

だから，式(3·40)の右辺第2項を W' とすれば

$$W'=\Omega_{21}m_1=-H_2M_1S_1 \tag{3·41}$$

となる．H_2 が場所によって変る時は W' は

$$W'=-M_1\phi_{21} \tag{3·42}$$

と書かねばならない．ただし，ϕ_{21} は H_2 の板面に垂直な成分を板磁石の全面積にわたって積分したもので，板を第 3·20 図の方向に貫いている H_2 の本数を意味する．ここで，第 3·19 図の場合に戻れば，電流 I_2 による磁界が I_1 の等価板磁石を貫く本数は，電流の単位長さ当り

$$\phi_{21}=\int_{-\infty}^{x_1}H_2dx \tag{3·43}$$

となる．ただし，x_1 は I_1 の x 座標とする．従って，求める力F の各成分は，式 (3·42) および (3·43) を式 (3·38) の形の式に入れれば出てくるが，今の場合，x 軸付近では，H_2 は x 方向だけにしか変らず，従って，ϕ_{21} も x 方向にしか変らないので，Fは

$$F=F_x=-\frac{\partial W'}{\partial x}=M_1\frac{\partial\phi_{21}}{\partial x} \tag{3·44}$$

となり，これに式 (3·43) を入れると

$$F=M_1H_{2(x=x_1)} \tag{3·45}$$

となり，また，3·3 でのべた電流と等価磁石の関係から $M_1=\mu I_1$ であるから，

$$F=\mu I_1H_{2(x=x_1)} \tag{3·46}$$

となる．さらに，式 (3·17) の関係から $H_2=\dfrac{I_2}{2\pi r}$ となるから

$$F=\frac{\mu I_1I_2}{2\pi r} \tag{3·47}$$

となる．結局，I_1 および I_2 の2つの同方向の平行電流は上式の力で相吸引することがわかる．電流の方向が互に反対になれば，反撥力になることはいうまでもない．

磁束と電流の間の力 I_2によって I_1 の所にできる磁束密度をBとす

ると，式 (3·46) から，電流 $I_1(=I)$ の単位長さ当りに働く力は，

$$F=IB \tag{3·48}$$

となる．この場合，各量の方向の関係は前述から互に直交し，第 3·21 図のようになることがわかる．式 (3·48) のBは，これまでは，他の平行な電流によって作られたものとしていたが，その成因は何であってもよいことはいうまでもない．従ってBとしては，考えている点の値だけを考えればよい．また，IとBが直交していない場合は，直交する成分をとればよいわけで，第 3·22 図のようにIとBのなす角がθの時は

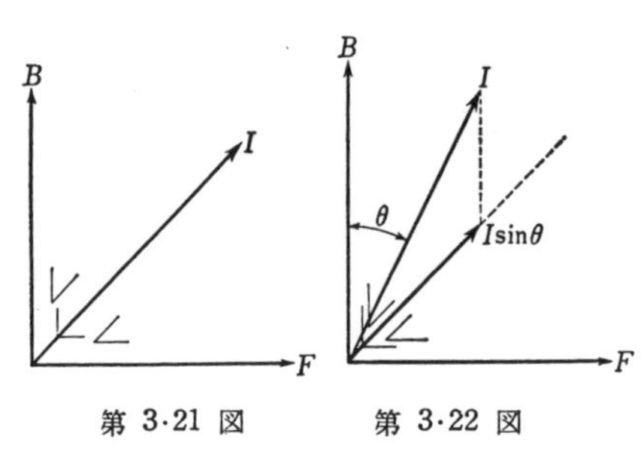

第 3·21 図　　第 3·22 図

$$F=IB\sin\theta \tag{3·49}$$

となり，Fの方向はIとBを含む平面に垂直になる．この関係は電流が直線でなくても，その各部分で一般的に成り立つのである．このことは，Bの成因としての I_2 をごく近くに考えてみれば，理解できるであろう．F, I および B の方向の関係を判りやすくしたものに，フレミングの左手の法則 (Fleming's left-hand rule) がある．これは第 3·23 図のように，左手の人指し指，中指，親指の各指にそれぞれ，磁束密度(B)，電流 (I)，力 (F) を関係ずけるものである．

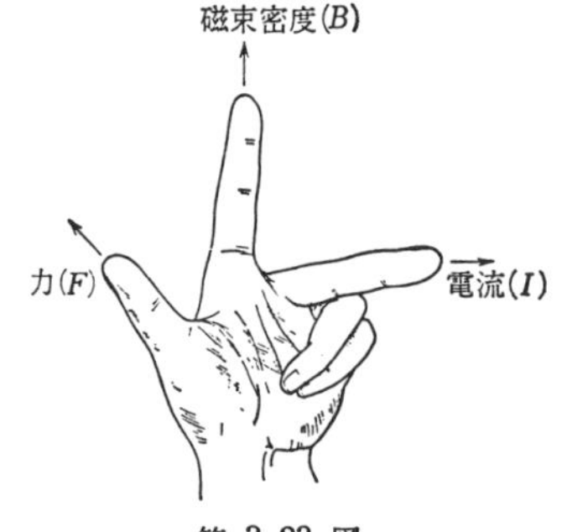

第 3·23 図

応 用 電流による力は電気工学の分野で広く利用されている．モータ，電気指示計器，スピーカまたはブラウン管等には，式 (3·48) の関係を利用したものが多い．

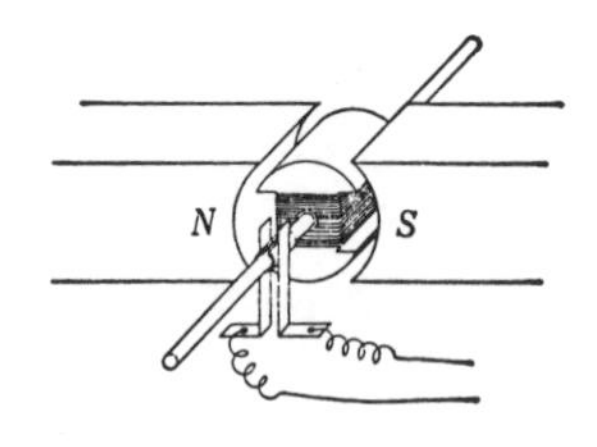

第 3·24 図

モータの原理図を第 3·24 図に，可動コイル型電流計を第 3·25 図に，可動コイル型スピーカを第 3·26 図に，電磁偏向型ブラウン管を第 3·27 図に示す．

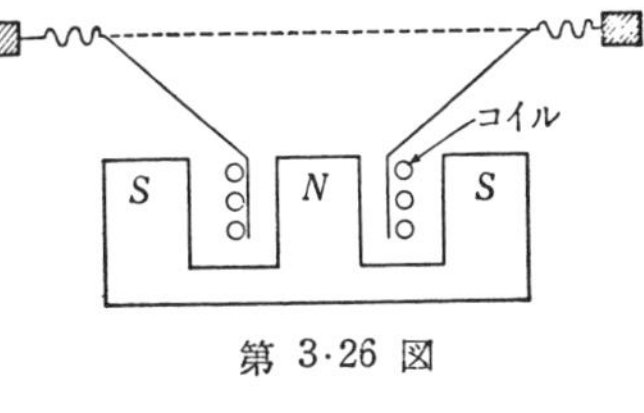

第 3·26 図

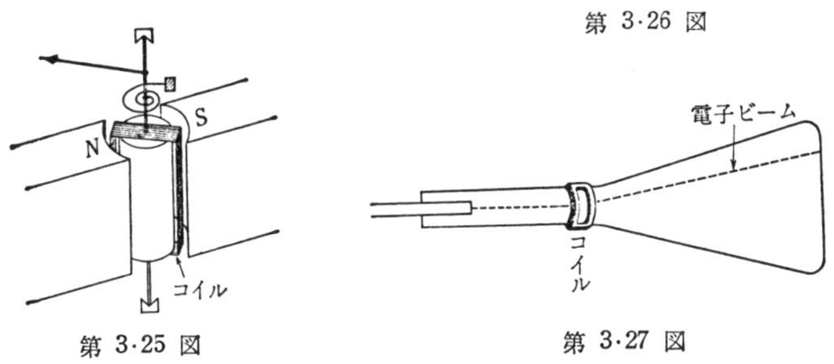

第 3·25 図　　第 3·27 図

3·7 インダクタンス（誘導係数）

インダクタンス インダクタンスには，自己インダクタンス (self inductance) と，相互インダクタンス (mutual inductance) がある．あるコイルの自己インダクタンスとは，そのコイルに 1[A] の電流を流した時に生ずる磁束と，そのコイルとの鎖交数をいう．また，ある2つのコイルの間の相互インダクタンスとは，一方に 1[A] の電流を流した時に生ずる磁束と，他方のコイルとの鎖交数をいう(第 3·28 図)．相互インダクタンスは，初めに磁束を作るために電流を流すコイルを，どちらにとるかで，2通りが考えられるが，それらは同じものであることは後に示す．

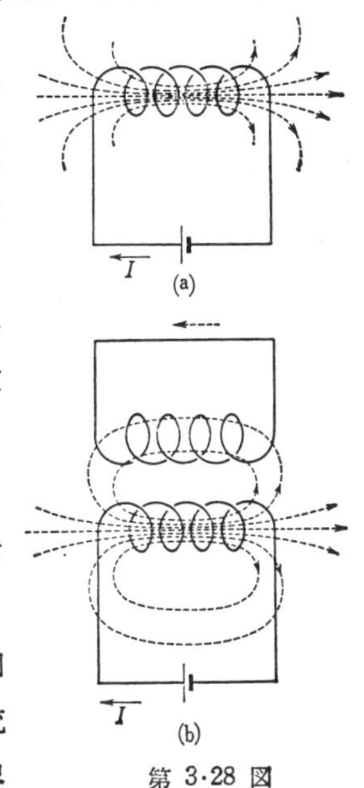

第 3·28 図

インダクタンスはコイルの形，巻数，磁気回路の形，透磁率等によって変るが，普通，電流の大きさには無関係な定数である．ただ，磁界

が強くなり B-H 曲線の非直線部分を使うような場合は，電流に無関係とはいえない．なお，1つのコイルでの電流の方向と，これによる磁束の方向との関係は，右ネジの法則で決っているので，この方向を正の方向にとれば，自己インダクタンスは必ず正であることがわかる．しかし，相互インダクタンスは必ず正，負がある筈で，その2つのコイルのそれぞれの電流による磁束が同方向に加わる場合を正とすれば，逆方向の場合は負になるわけである．

単 位 インダクタンスの単位は，上の定義からは，Wb/A となるのであるが，これをヘンリー（Henry，H と略す）と名づける．

なお，

$$10^{-3}\ [\mathrm{H}]=1[\text{ミリヘンリー，mH}]$$

$$10^{-6}\ [\mathrm{H}]=1[\text{マイクロヘンリー，}\mu\mathrm{H}]$$

なる補助単位も用いられる．インダクタンスを利用するために作られた器具を，インダクタ（inductor）という．

3·8 簡単な形のコイルのインダクタンス

（i） ソレノイドの自己インダクタンス インダクタンスの1例として，無限長ソレノイドの自己インダクタンスを求めて見る．ソレノイドの半径を r[m]，長さを l[m]，単位長当りの巻数を n，ただし $l \gg r$，とすると，内部の磁界は式（3·20）のようになるから，電流を 1[A] とすると，ソレノイド中を通る磁束 ϕ は，

$$\phi=B\pi r^2=\pi r^2\mu n \quad [\mathrm{Wb}] \tag{3·50}$$

これとコイルとの鎖交数すなわち自己インダクタンス L は

$$L=\pi r^2\mu n^2 l$$

$$=4\pi^2\mu_s r^2\frac{N^2}{l}\times 10^{-7}\ [\mathrm{H}] \tag{3·51}$$

となる．ただし，N はコイルの総捲数（$=nl$）である．

有限の長さで空心のソレノイドでは，磁束は第 3·29 図のようにその端で曲り，磁束の1部はコイルの全巻数に鎖交しなくなる．このような場合，イ

ンダクタンスLは式(3·51)の値より小さくなり

$$L=\mathcal{L}4\pi^2\mu_s r^2\frac{N^2}{l}\times10^{-7}[\mathrm{H}] \quad (3\cdot52)$$

となる．ここで，$\mathcal{L}$は長岡係数と呼ばれるものであり，計算によって求められるものである．これは第 3·2 表のような値になる．

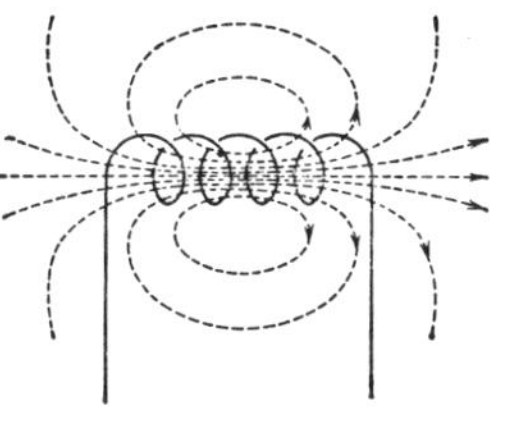

第 3·29 図

第 3·2 表　長岡係数

$2r/l$	$\mathcal{L}$	$2r/l$	$\mathcal{L}$
0	1.000	2.5	0.472
0.2	0.920	3.0	0.429
0.4	0.850	3.5	0.394
0.6	0.789	4.0	0.365
0.8	0.735	4.5	0.341
1.0	0.688	5.0	0.319
1.2	0.648	6.0	0.285
1.4	0.611	7.0	0.258
1.6	0.580	8.0	0.237
1.8	0.551	9.0	0.219
2.0	0.526	10.0	0.203

第 3·16 図のような，空隙のある鉄心にN回まいたコイルの自己インダクタンスLは $L=(\phi/I)N$ に，式 (3·29) を入れて

$$L=\frac{S\mu N^2}{l_1+l_2\mu_s}=\frac{4\pi\mu_s N^2 S}{l_1+l_2\mu_s}\times10^{-7}\ [\mathrm{H}] \quad (3\cdot53)$$

となる．当然のことながら，$l_2=0$ とすれば上式は式 (3·51) に等しくなる．

(ii) 無端ソレノイドの相互インダクタンス

第 3·30 図に示すような，巻数 n_1 のコイル 1 と巻数 n_2 のコイル 2 をもつ無端ソレノイドについて，各コイルの自己インダクタンス，およびコイル間の相互インダクタンスを求めてみる．ただし，磁束は全部必ず 2 つのコイルのどちらにも鎖交するものとする．

コイル1　n_1　n_2　コイル2　S

第 3·30 図

今，磁気回路の磁気抵抗を $\mathcal{R}$ とすると，コイル 1 に電流 I_1 を流した時にできる磁束 ϕ_1 は

$$\phi_1=\frac{n_1 I_1}{\mathcal{R}} \quad (3\cdot54)$$

となる．この磁束とコイル 2 との鎖交数は，$n_1 n_2 I_1/\mathcal{R}$ であるから，コイル

1とコイル2の相互インダクタンス M は

$$M=\frac{n_1n_2}{\mathcal{R}} \tag{3·55}$$

となる．また，これとは逆にコイル2に電流を流してコイル1との鎖交数を求めても同じ結果を得る．各コイルの自己インダクタンス L_1 および L_2 は同様にして

$$L_1=\frac{{n_1}^2}{\mathcal{R}} \qquad L_2=\frac{{n_2}^2}{\mathcal{R}} \tag{3·56}$$

となり，式 (3·55) および (3·56) から

$$L_1L_2=M^2 \tag{3·57}$$

となることがわかる．この関係は初めに述べたように，磁束が必ず両コイルに鎖交する場合にしか成立しないのであって，もし，磁束の1部が一方のコイルだけにしか鎖交しないような時は，鎖交数は上の場合より減り，M は小さくなり，従って，一般に k を正の数として

$$M=\pm k\sqrt{L_1L_2} \tag{3·58}$$

と書けば

$$k\leqq 1 \tag{3·59}$$

となる．k はコイル1とコイル2の間の結合係数 (coupling factor) とよばれている．

(iii) 平行往復導線の自己インダクタンス

第 3·31 図に示すように，各導線の断面を半径 a[m] の円とし，線間隔を d[m]，ただし $d\gg a$ とする．各導線には 1[A] の電流が図のように流れているとして，まず，この空間の部分の磁束と往復電流との，その 1[m] 当りの鎖交数，すなわち 1[m]当りのインダクタンス L を求める．導体Aの中心からBの方向に r[m] の所の磁界 $H(r)$ は，式 (3·17) を利用して，

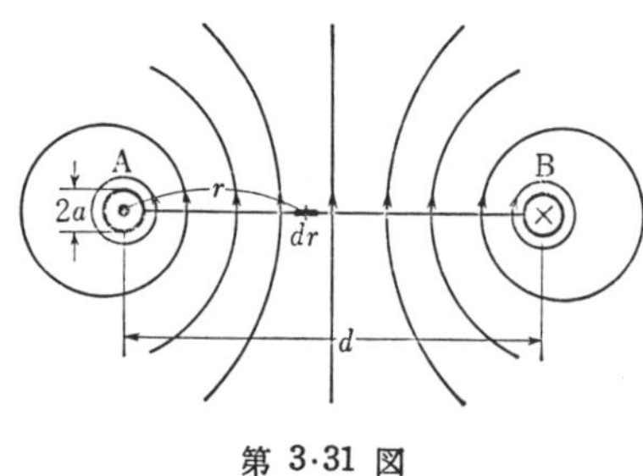

第 3·31 図

$$H(r)=\frac{1}{2\pi r}+\frac{1}{2\pi(d-r)} \quad (3\cdot60)$$

となり，Lは AB 間の空間の部分の全磁束に等しいから

$$L=\int_a^{d-a}B(r)dr=\mu_0\int_a^{d-a}H(r)dr \quad (3\cdot61)$$

となり，これに式（3·60）を入れて計算すると

$$L=\frac{\mu_0}{\pi}\log_e\frac{d-a}{a}\fallingdotseq\frac{\mu_0}{\pi}\log_e\frac{d}{a}\ \ [\mathrm{H/m}] \quad (3\cdot62)$$

となる．この式は $d\gg a$ で，導体の透磁率が大きくない場合についてのものであるが，透磁率が大きい時は，導体の中に入る磁束による鎖交数を考えなければならない．これを計算して上式に加えた結果は

$$L=\frac{\mu_0}{\pi}\left(\log_e\frac{d}{a}+\frac{\mu_s}{4}\right)$$
$$=4\left(\log_e\frac{d}{a}+\frac{\mu_s}{4}\right)\times10^{-7}\ \ [\mathrm{H/m}] \quad (3\cdot63)$$

となる．この場合でも電流が交流で周波数が非常に高ければ，式（3·62）の方が正しい．何となれば，高周波の磁界は導体の中まで入らないからである．

3·9 インダクタンスの接続

第 3·32 図に示すように，2つのコイルを直列にしたものの合成自己インダクタンスを求めてみる．各コイルの自己インダクタンスを L_1 および L_2，その間の相互インダクタンスを M とすると，求めるインダクタンスはそれぞれのコイルと磁束との鎖交数の和から得られる．すなわち，

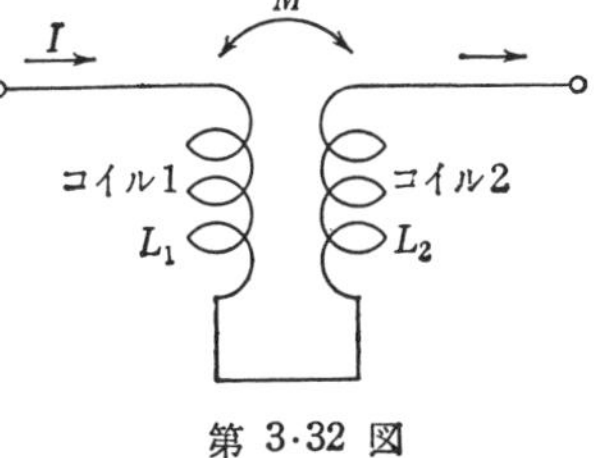

第 3·32 図

$$\text{コイル1と磁束との鎖交数}=L_1I+MI \quad (3\cdot64)$$

ここで $\begin{cases}L_1I：\text{コイル1からの磁束によるもの}\\ MI：\text{コイル2からの磁束によるもの}\end{cases}$

となり，コイル2の鎖交数も同様に求まるから，両端子間の全鎖交数は

$$全鎖交数=(L_1+L_2+2M)I \qquad (3\cdot 65)$$

となる．従って，求めるインダクタンスLは

$$L=L_1+L_2+2M \qquad (3\cdot 66)$$

となる．ここで M の符号は，一方のコイルの自身の磁束による鎖交数が，他方のコイルからの磁束によってふえる場合を正にとることはいうまでもない．

もし $M=0$ ならば，上式は抵抗の直列の式と同様になるわけである．また，両コイルの結合係数が1の時は式（3·57）を用いて，上式は

$$\sqrt{L}=\sqrt{L_1}\pm\sqrt{L_2} \qquad (3\cdot 67)$$

となることが一般的にいえる．ただし，式中の正負の複号は M の値の正負に対応している．従って，$L_1=L_2$ で巻方向が互に反対，つまり巻きもどすようにつないだ場合は，$L=0$ となるわけである．他の接続についても同様な方法で解ける．

3·10 電磁誘導

ファラデーの実験 検流計をつないだ回路の付近に，第3·33図（a）のように，電池をつないだ回路のスイッチを閉じたり開いたりすると，その瞬間だけ検流計 G が振れる．また，（b）や（c）のように，電流の流れている回路あるいは磁石を近づけたり遠ざけたりしても，その間だけGが振れる．このような現象はファラデー（Faraday）によってはじめて見出された．上の実験は磁界の変化によって起電力が発生することを意味しており，このような現

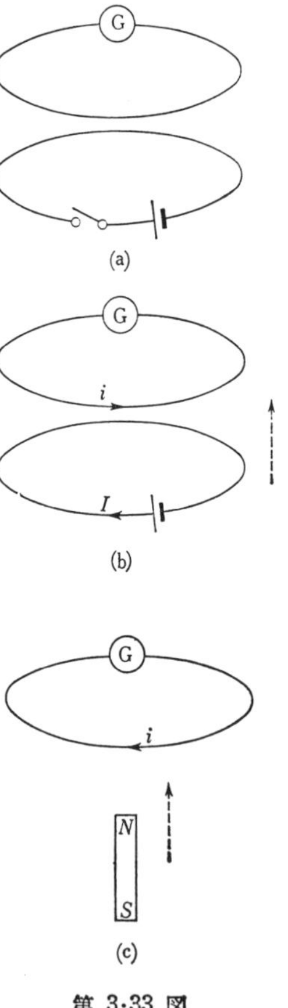

第3·33図

象を電磁誘導（electromagnetic induction）と名づける．この起電力の大きさおよび方向については実験から次の法則が得られる．

電磁誘導の法則 電磁誘導によって回路に発生する起電力の大きさは，その回路と磁束との鎖交数の時間的変化に比例する．この起電力の向きは鎖交数の変化を妨げるような電流を生ずる向きをとる．これをファラデーの法則ともいう．この内，起電力の方向だけについての法則をレンツの法則（Lenz's law）という．例えば，第 3·31 図（b）の両回路が重なるように近づければ，この際検流計回路には，電池回路と逆向きの電流が流れるような起電力を発生することがわかる．

今，発生する起電力を U[V]，鎖交数を $\mathcal{N}$[Wb] とし，U の向きと磁束の向きとの正の方向は互に右ネジの関係にあるものとすると，上の法則は M. K. S. 有理単位系では

$$U=-\frac{d\mathcal{N}}{dt}\ [\mathrm{V}] \tag{3·68}$$

のように表わされる．

電磁誘導の法則の裏づけ どうしてこのような現象が起るかを，今までの知識から説明して見よう．第 3·34 図に示すように，一定の電流 I を流すようにしている回路の付近で，m の強さの点磁極を磁界に逆らって，dt の時間で A から B までの微小距離を動かすとすると，これに仕事を必要とするはずで，これを dW とする．ところで，

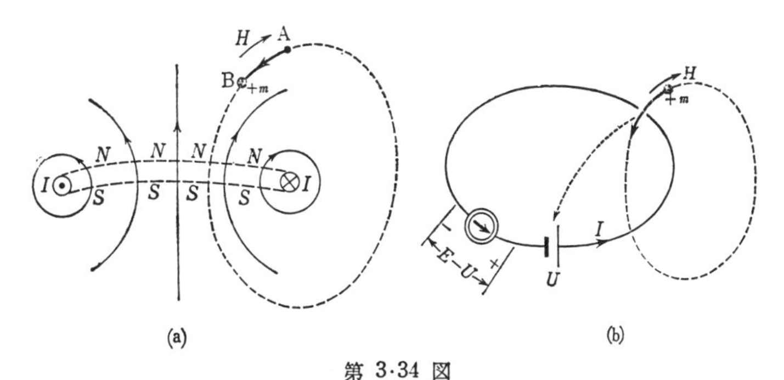

第 3·34 図

A から B までの移動によって，m から発する磁束と回路との鎖交数が $d\mathcal{N}$ だけ増加するものとし，電流を等価板磁石でおきかえると，式 (3·42) において，$M_1=\mu I$ および

$\phi_{21}=\mathfrak{N}/\mu$ であることを考えれば

$$dW=-Id\mathfrak{N} \tag{3·69}$$

となる.

この dW なるエネルギーは全部電流回路に入つて電気エネルギーになると考えられる. というのは, 回路には, 今, 一定電流を流す電源がつながれていると考えているので, 電流と丁度一回鎖交するように磁極を動かすと, 式 (3·13) により, この移動で mI の仕事を外部から磁極に与えたことになるのに, 空間の磁界の様子は何も変っていないからである. 回路の電源は, 磁極が止まっている間は, 回路の抵抗によるジュール損を丁度まかなうだけのエネルギーを出しつづけているが, 磁極を動かせば上に述べたように, dt の間に dW だけのエネルギーが回路に入つてきて, 電源はその間は今までより dW だけ少ないエネルギーしか出さなくてよい. ところで電流は一定なのだから, その間, 電源は電圧が U だけ低下して, その dt の間に出すエネルギーを $UIdt$ だけ減少させる.

従って

$$dW=UIdt \tag{3·70}$$

となる. 結局, 式 (3·69) および (3·70) の両式から, 式 (3·68) が得られるのである.

インダクタンスにおける誘導　相互インダクタンス M の2つのコイルの一方の自己インダクタンスを L_1, その電流を I_1 とし, 他方の電流を I_2 とすると, L_1 の方の鎖交数 $\mathfrak{N}_1$ は

$$\mathfrak{N}_1=L_1I_1+MI_2 \tag{3·71}$$

となるが, 今, I_1 だけが時間的に変化すると式(3·68)により, そのコイルに

$$U_1=-\frac{d\mathfrak{N}_1}{dt}=-L_1\frac{dI_1}{dt} \tag{3·72}$$

なる起電力が発生することがわかる. これはコイルに, 自分自身の電流の変化によって, 電流変化を妨げようとする起電力, つまり逆起電力 (counter emf) が発生することを意味する. この現象を自己誘導作用 (self induction) という. また, I_2 だけが時間的に変化するとすれば

$$U_1==-M\frac{dI_2}{dt} \tag{3·73}$$

なる起電力が発生することがわかる　これは他のコイルの電流変化によって発生した起電力で, この現象を相互誘導作用 (mutual induction) という.

インダクタンスの別の定義 インダクタンスを式(3·72)および(3·73)で，次のように定義してもよい．自己インダクタンスとは，その回路の電流が[1 A/sec]の割合で増加する時に，その回路に発生した逆起電力の大きさで，また，相互インダクタンスとは，一方の回路の電流が 1[A/sec] の割合で増加する時，相手の回路に発生した起電力の大きさである．

渦電流 相互誘導作用は，コイルの代りに，導体の板または塊についても起る筈である．この場合，発生する起電力は，この板または塊を貫通しようとする磁束の変化を打消すように，第 3·35 図のように渦状に電流を流す．これを渦電流 (eddy current) といい，変化する磁束を取扱う発電機，モータ，変圧器等の電気機器では，このため電力の損失が起る．これを渦流損 (eddy current loss) という．また渦電流と磁界との間の力は，その導体の移動を妨げる方向に働き，これを動かすまいとする．この力を利用する制動器，モータ等がある．

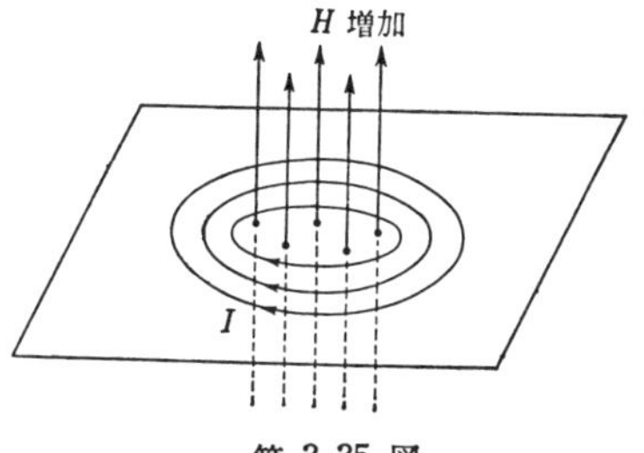

第 3·35 図

3·11 インダクタンスに蓄えられるエネルギー

自己インダクタンス 今，自己インダクタンス L[H] のコイルに，電流 i[A] が流れている状態から，dt 秒間に di[A] だけ電流を増したとすると，コイルには第 3·36 図に示すように，この間は $L\dfrac{di}{dt}$ [V] なる逆起電力が発生する．電流はその間，この起電力に逆らって流れなければならないので，これには $iL\dfrac{di}{dt}$ [W] だけの電力を要し，dt 秒間には

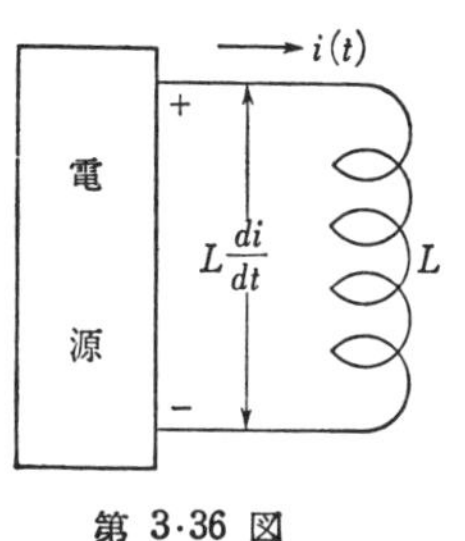

第 3·36 図

$$iL\frac{di}{dt}\times dt=Lidi \ [\mathrm{J}]$$

だけの仕事を要する．この仕事は電源から供給され，コイルの中に磁界を作るエネルギーとして蓄えられる．従って，今，電流を零から I[A] まで増したとすると，その間にコイルに蓄えられた全エネルギー W は

$$W=\int_0^I Lidi=\frac{1}{2}LI^2 \text{ [J]} \tag{3·74}$$

となる．

自己および相互インダクタンス 第3·37図のようなコイル1およびコイル2の2つがある時，まず，コイル2だけに電流を流し，これを零から I_2[A] まで変えると，この時蓄えられるエネルギーは式（3·74）から $\frac{1}{2}L_2I_2^2$ となる．次に，この状態で，コイル1の電流を零から I_1[A] まで増した時のエネルギーを求める．今，コイル1の電流を，i_1 から dt 秒間に di_1[A] だけ増したとすると，コイル1には L_1di_1/dt[V]，コイル2には Mdi_1/dt[V] の逆起電力を発生する．従って，上に述べたのと同様にして，両コイルには dt 秒間に電源1からは，Li_1di_1[J]，また電源2からは，コイル2にはすでに I_2 が流れていることを考えれば，MI_2di_1[J] のエネルギーが供給されて蓄えられることがわかる．従って，i_1 を零から I_1[A] まで増加させると，その間にこれに蓄えられたエネルギー W は

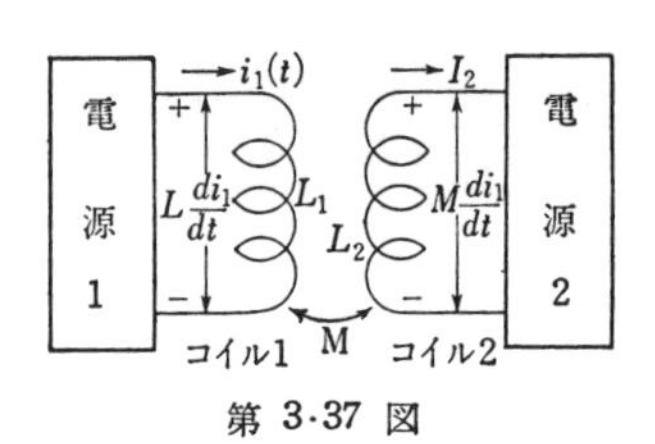

第 3·37 図

$$W=\int_0^I L_1i_1di_1+\int_0^I MI_2di_1$$

$$=\frac{1}{2}L_1I_1^2+MI_1I_2 \text{ [J]} \tag{3·75}$$

となる．結局，これらのコイルに蓄えられた全エネルギー W_T は，上式の値に，i_1 が零の時からあったエネルギー $\frac{1}{2}L_2I_2^2$ を加えて，

$$W_T=\frac{1}{2}L_1I_1^2+\frac{1}{2}L_2I_2^2+MI_1I_2 \tag{3·76}$$

となる．

相互インダクタンスの相反性 相互インダクタンスは，2つのコイルのどちら

の一方から他方に誘導する場合も同じ値である．つまり相反性が成り立つことは，3·8 の (ii) の例でもわかるが，ここで一般的にこのことを示して見よう．式 (3·76) の M は，実は，コイル1の電流変化によって，コイル2に発生した電圧の係数であるから，これを M_{12} と書くことにし，次に，これとは逆に，まずコイル1に先に電流を流し，後でコイル2に電流を流して計算するとすれば，この時の M は M_{21} と書かねばならぬことになる．ところで式 (3·76) の W_T はどちらの計算方法によっても同じ結果を与えなければならないことはいうまでもない．従って，このことから

$$M_{12}=M_{21} \qquad (3\cdot77)$$

となることがわかる．

モータと発電機　第 3·37 図で，コイル1およびコイル2に，それぞれ一定の電流 I_1 および I_2 が流れているとする．コイルはどちらも電磁石になっているのであるから，その間に力が働いて，動こうとしている．今，この力によって，コイルが $\varDelta t$ の時間の間にわづか動いたとすれば，コイル間の相互インダクタンスは少し増加する筈である（異極同志の接近，同極同志の離間によって互の鎖交数は増す）．これを $\varDelta M$ とすると，コイル1の鎖交数は，コイル2からの磁束によって，$I_2\varDelta M$ だけ増し，従って，I_1 を減らすような方向に $I_2\varDelta M/\varDelta t$ なる起電力が発生する．ここで，I_1 が変化しない為には，電源1はこの間 $I_2\varDelta M/\varDelta t$ だけ余分な起電力を出さねばならない．つまり，電源1はこの為 $I_2(\varDelta M/\varDelta t)I_1\varDelta t(=\varDelta MI_1I_2)$ だけの余分なエネルギーを出すことになる．コイル2についても同様に，$I_2\varDelta M/\varDelta t$ なる起電力が生じて，電源2はこの為 $\varDelta MI_1I_2$ だけ余分なエネルギーを出すことになる．

結局，この場合，合わせて $2\varDelta MI_1I_2$ だけのエネルギーが，両電源からコイルに与えられているわけであるが，式 (3·76) をみれば，$\varDelta M$ による磁気的蓄積エネルギーの増加は $\varDelta MI_1I_2$ だけである．従って，電源から出した $2\varDelta MI_1I_2$ は，その半分が磁界のエネルギーとして蓄えられ，残りの半分は機械的エネルギーとして費やされたとみなければならない．

以上で，電気的エネルギーが機械的エネルギーに変換される様子がわかったが，これがモータの原理である．もしこの例で，コイルを電磁力に逆らって，外力で動かしたとすると，$\varDelta M$ は負となって，機械的エネルギーが電気的エネルギーに変換されて出てくることになるが，これは発電機の原理に外ならない．

第4章　交流回路

4·1　正弦波交流

交　流　今まで，電流および電圧が時間的に変らない直流について考えてきたが，ここでは，時間的にそれらの方向が変る場合について述べる．周期的に方向が変る電圧または電流を交流電圧または電流，あるいは交番電圧または電流（alternating voltage or current）という．また，一般にこのような現象を交流現象（AC phenomena）と呼ぶ．

正 弦 波　普通，交流の中で最もよく用いられているのは，正弦波（sine wave）の波形をしているものである．正弦波の電圧とは，第4·1図に示すように，時間 t を横軸にして，その大きさを書いた形が $\sin \omega t$ の形で変化するものである．これは図でわかるように，一定の角速度（angular velocity）ω で回っている長さ E_m の動径の縦軸への投影を，各対応する時間の所にかいてゆけば容易に図示できる．単に交流という場合は，特に断わらない限り，このような正弦波の交流を意味する．もちろん，余弦波も正弦波と同じ形であるからこの中に含める．

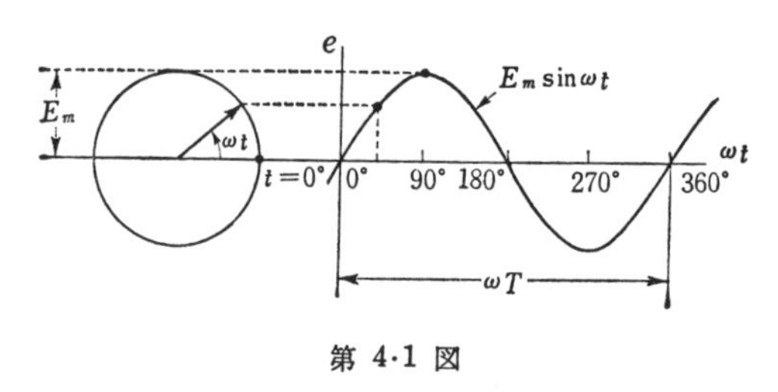

第 4·1 図

なお，普通に用いられる回路では，正弦波の電圧を印加すれば必ず正弦波の形の電流が得られる．正弦波では，このため理論が簡単で整然としていて取扱いが便利である．このことが正弦波を交流の基本波形として用いる1つの大きな理由である．

周　期　前図で，動径が1まわりしてもとの位置にもどると，波形は1つの波を完成し，後はこの繰り返しになる．この1つの波を描く時間を周期（period) という.

周 波 数 1秒間に入る波の数 (周期の数) を周波数 (frequency) という. 周波数は毎秒何サイクル(cycle per second, c/s または cps と略記する), または単に何サイクル (～または∾の記号を用いることがある) と呼ぶ. 1000 [c/s] は 1 [kc/s] (kilo cycle), 10^6[c/s] は 1 [Mc/s] (mega cycle), 10^9[c/s] は [Gc/s] (giga cycle) と呼ぶ.

今, 周期を T [秒], 周波数を f [c/s] とすると, 前図からわかるように, T [秒] で動径は 360° つまり 2π [rad] まわるわけである. 従って, ω を [ラジアン/秒] で表わすと

$$\omega T=2\pi \tag{4·1}$$

また

$$f=\frac{1}{T} \tag{4·2}$$

であるから, これらから

$$\omega=\frac{2\pi}{T}=2\pi f \tag{4·3}$$

となる. 従って, ω のことを角周波数 (angular frequency) ということがある.

周 波 数 の 例 各家庭に配電されている電燈線, または工場等の動力に使われる電源の周波数を商用(電力)周波数(commercial power frequency) というが, これは我国では, 現在大体関東以北が 50 [c/s], 関西以西が 60 [c/s] となっている. 音波の周波数は 20 [c/s]～10 [kc/s] 位である. 放送用電波の周波数は中波が 300[kc/s]～3[Mc/s], テレビジョン電波が 90～230[Mc/s] である. また, マイクロ波(microwave) とは 300 [Mc/s] 程度以上のものをいう.

交 流 起 電 力 交流の起電力は発電機, 発振器 (oscillator) 等で得られる. 記号としては普通 —◯～— を用いる.

4·2 最大値，平均値，実効値および位相

最 大 値　正弦波交流の電圧 e は

$$e=E_m \sin \omega t \tag{4·4}$$

で表われさるが，4·5 でのべる時間因子を除いた複素値に対して，これを瞬時値 (instantaneous value) という．E_m を最大値 (maximum value) または振幅 (amplitude) という．

平 均 値　一般の交流波形について，その絶対値の平均をこの交流の平均値 (average value) という．式 (4·4) の正弦波交流の平均値 E_a は

$$E_a=\frac{E_m}{T}\int_0^T |\sin \omega t| dt \tag{4·5}$$

$$=\frac{2E_m}{T}\int_0^{T/2} \sin \omega t \, dt=\frac{2}{\pi}E_m=0.637\,E_m$$

となる．

実 効 値　一般の交流波形の 2 乗の平均の平方根を実効値 (effective value)，または R. M. S. 値 (root mean square value) という．式 (4·4) の正弦波の実効値 E_e は

$$E_e=E_m\sqrt{\frac{1}{T}\int_0^T \sin^2 \omega t \, dt}=\frac{E_m}{\sqrt{2}}=0.707\,E_m \tag{4·6}$$

となる．交流で普通用いるのは実効値である．この理由については 4·14 でのべる．

位　相　第 4·2 図に示す正弦波交流電圧 e は

$$e=E_m \sin(\omega t+\varphi) \tag{4·7}$$

ただし　$\varphi=\omega t_0$

で表わされるが，この φ を位相角 (phase angle) という．正弦波交流電流もまた同様な形で表わされる．

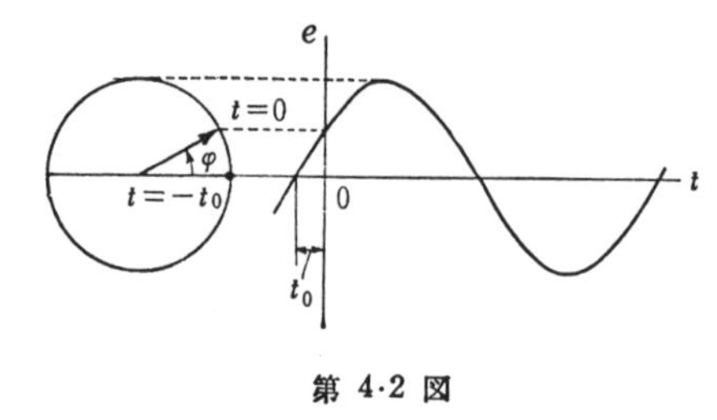

第 4·2 図

第4·3図に示すような2つの交流電圧 e_1 および e_2 は

$$e_1 = E_{m1}\sin(\omega t + \varphi_1)$$
$$e_2 = E_{m2}\sin(\omega t + \varphi_2) \qquad (4\cdot8)$$

で表わせるが，ここで，$\varphi_1 - \varphi_2$をこの両者の位相差（phase difference）という．また，e_1 は e_2 より $\varphi_1 - \varphi_2$ だけ位相が進（lead）んでいる，あるいは，e_2 は e_1 より $\varphi_1 - \varphi_2$ だけ位相が遅れ（lag）ているという．2つの電圧の位相差が零である時，この両者は同位相（same phase または in-phase）であるという．

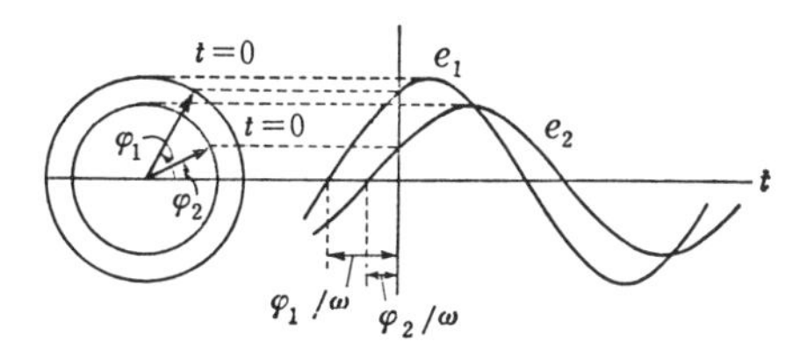

第 4·3 図

4·3 交流における各素子の働き

交流回路における回路素子は，抵抗，インダクタンスおよび静電容量の3種である．次にそれぞれについて，電流

$$i = I_m \sin\omega t \qquad (4\cdot9)$$

が流れる時の両端の電位差

$$v = V_m \sin(\omega t + \varphi) \qquad (4\cdot10)$$

を求める．なお，相互インダクタンスについては 4·10 で述べる．

抵 抗　交流の場合についても，ある瞬間の電流の方向と抵抗による電位降下の方向とは第4·4図のようになり，抵抗を R とすると，電流電圧の瞬時値は式(2·1)のオームの法則で関係づけられる筈である．すなわち

第 4·4 図

$$v = iR \qquad (4\cdot11)$$

これに式（4·9）および式（4·10）を入れれば

$$V_m \sin(\omega t + \varphi) = RI_m \sin\omega t \qquad (4\cdot12)$$

ゆえに

$$V_m = RI_m, \qquad \varphi = 0 \qquad (4\cdot13)$$

となり，電圧は電流と同位相である．（第 4·5 図）

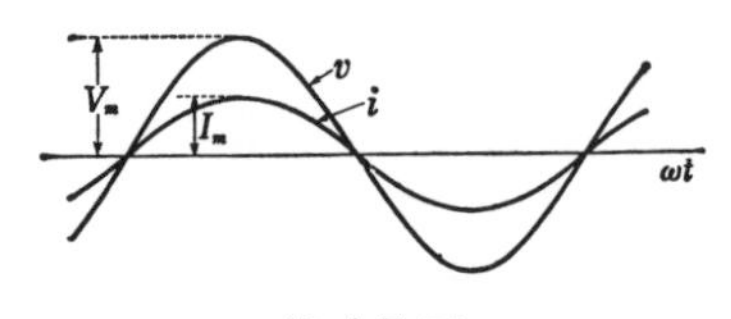

第 4·5 図

位相と大きさの関係を示すにはベクトル (vector) を用いるのが便利であるが，これについては 4·5 に述べる．

インダクタンス 電流に時間的変化がある時のインダクタンスLに発生する逆起電力は式 (3·72) で与えられる．従って今の場合，vの正負を第4·6図のようにとれば，これは電流増加を妨げようとする方向を正としているのだから

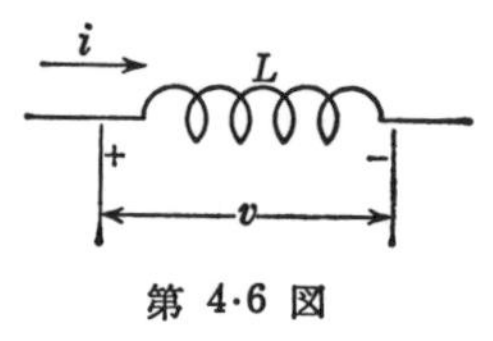

第 4·6 図

$$v=L\frac{di}{dt} \tag{4·14}$$

これから

$$\begin{aligned} V_m \sin(\omega t+\varphi) &= \omega L I_m \cos \omega t \\ &= \omega L I_m \sin\left(\omega t+\frac{\pi}{2}\right) \end{aligned} \tag{4·15}$$

ゆえに

$$V_m=\omega L I_m \qquad \varphi=\frac{\pi}{2} \tag{4·16}$$

となり，電圧は電流より $\pi/2$ [rad] (90°) 進む．つまり，電流は電圧より $\pi/2$[rad] 遅れる．この関係を第 4·7 図に示す．

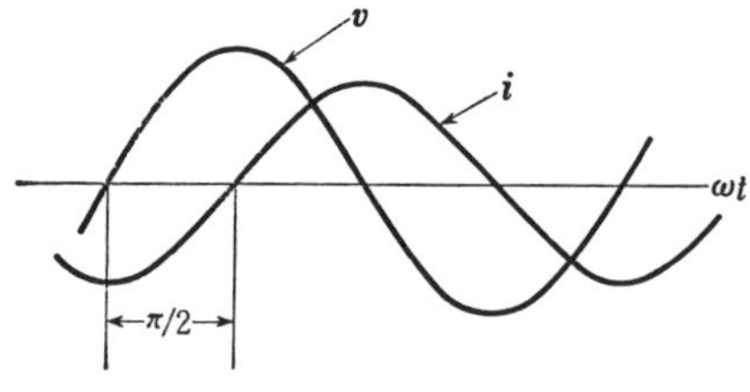

第 4·7 図

静電容量 この場合の電荷と電圧の関係は式 (1·20) で与えられる．電荷は $\int idt$ で表わされるから，電流と電圧の正負の関係を第4·8図のようにすると，静電容量Cの両端の電圧vは

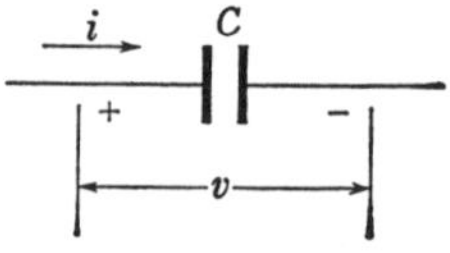

$$v=\frac{\int idt}{C} \tag{4·17}$$

第 4·8 図

これから

$$V_m \sin(\omega t+\varphi) = -\frac{I_m}{\omega C}\cos\omega t$$

$$= \frac{I_m}{\omega C}\sin\left(\omega t - \frac{\pi}{2}\right) \tag{4·18}$$

ゆえに

$$V_m = \frac{I_m}{\omega C}, \qquad \varphi = -\frac{\pi}{2} \tag{4·19}$$

となる．この場合，電流は電圧より $\pi/2$ [rad] (90°) だけ位相が進むことになる．これを第 4·9 図に示す．

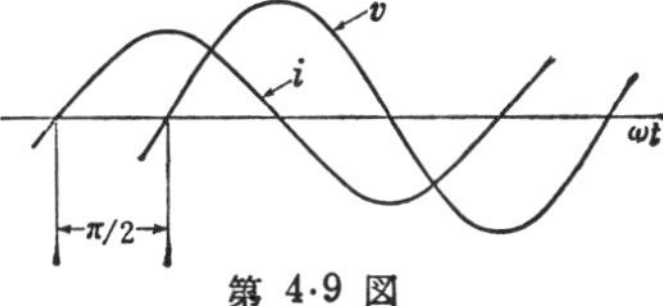

第 4·9 図

以上のように，正弦波電流による電圧は必ず正弦波であり，その振幅や位相は素子によって異なることがわかる．

4·4 複素数の取扱い

前節までは電圧，電流その他の量はもちろん実数としてきたのであるが，実は，これらは複素数 (complex number) を用いて表わす方が簡単で，取扱いに便利である．このことは次節に述べるが，ここでは準備として，一般の複素数の計算法その他について述べる．

複 素 数 一般に x, y を実数とし，j を虚数単位とすれば

$$\dot{Z} = x + jy \tag{4·20}$$

ただし $j = \sqrt{-1}$

のように実数 (real number) (x) と虚数 (imaginary number)(jy) との和で表わされる数 $\dot{Z}$ を複素数といい，x をその実数部(real part)，y をその虚数部 (imaginary part) という．式 (4·20) は後述の式 (4·26) の形と区別するために，直角座標の形 (rectangular form) と呼ばれる．複素数は実数と区別するために，$\dot{Z}$ または Z 等のように書かれる．

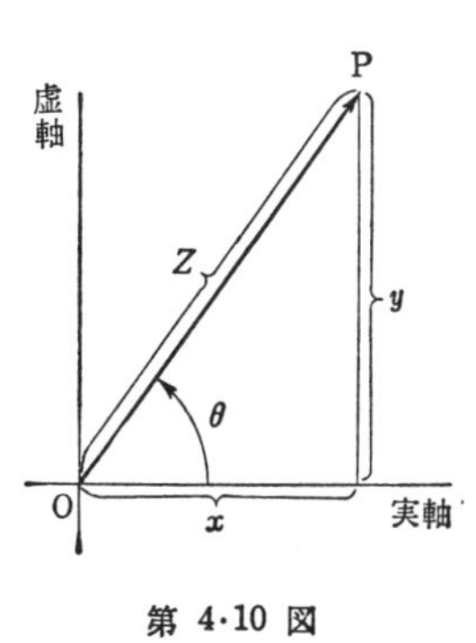

第 4·10 図

複素面 横軸に実数部を，縦軸に虚数部をとれば，第 4·10 図のように $\dot{Z}$ を平面上の1点Pで表わすことができる．このような複素数を表わす面を複素面(complex plane)という．また，この場合の横軸を実軸(real axis)，縦軸を虚軸 (imaginary axis) という．

ベクトル 複素数はこのように複素平面で考えるならば，原点を起点とするベクトル (vector) と解釈してよい．しかし，交流回路で取扱うベクトルは普通の空間ベクトルとは違い，第 4·10 図の θ は位相の関係を表わすものであるから，これをフェーザ (phasor) と呼ぶことがある．

絶対値 ここに示した複素面で，OP の長さを $\dot{Z}$ の絶対値 (absolute value) と呼び $|\dot{Z}|$ または Z で表わす．これは

$$|\dot{Z}|=Z=\sqrt{x^2+y^2} \tag{4·21}$$

となることは，ピタゴラスの定理(Pythagoras' theorem)から明らかである．

また前図で，OP と実軸のなす角を θ とすると

$$x=Z\cos\theta, \qquad y=Z\sin\theta \tag{4·22}$$

であるから，式 (4·20) は

$$\left.\begin{aligned}\dot{Z}&=Z(\cos\theta+j\sin\theta)\\ \theta&=\tan^{-1}\frac{y}{x}\end{aligned}\right\} \tag{4·23}$$

と書くことができる．

オイラーの式 自然対数の底を ε とすると，オイラーの公式 (Euler's formula) とよばれる

$$\varepsilon^{j\theta}=\cos\theta+j\sin\theta \tag{4·24}$$

なる関係式がある．この式から

$$|\varepsilon^{j\theta}|=\sqrt{\cos^2\theta+\sin^2\theta}=1 \tag{4·25}$$

となり，$\varepsilon^{j\theta}$ を複素面に書けば，第 4·11 図のようなベクトルで表わすことができる．式(4·24)を用いれば式 (4·23) はさらに

$$\dot{Z}=Z\varepsilon^{j\theta} \tag{4·26}$$

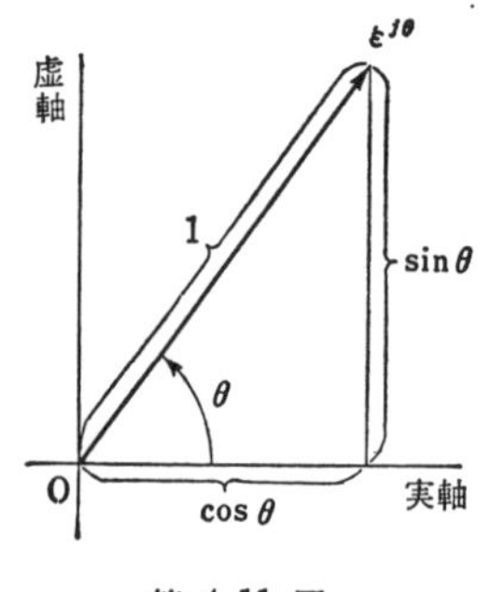

第 4·11 図

と書くことができる．これを極座標の形（polar form）という．

偏　角　上式でθを偏角（argument）といい，反時計まわりの方向にとつた角度を正の値とする．式（4·26）はまた，

$$\dot{Z}=Z\angle\theta \qquad (4\cdot27)$$

のように書くこともある．また，

$$\theta=\arg\dot{Z} \qquad (4\cdot28)$$

と書くこともある．

共役複素数　$\dot{Z}$が式（4·20）で表わされる時，

$$\dot{Z}^*=x-jy=Z\varepsilon^{-j\theta} \qquad (4\cdot29)$$

で表わされる $\dot{Z}^*$ を $\dot{Z}$ の共役複素数(conjugate complex）という．また，$\dot{Z}$ と $\dot{Z}^*$ とは互に共役であるという．この両者のベクトルの関係は，第 4·12 図のようになっていることは上式から直ちにわかる．

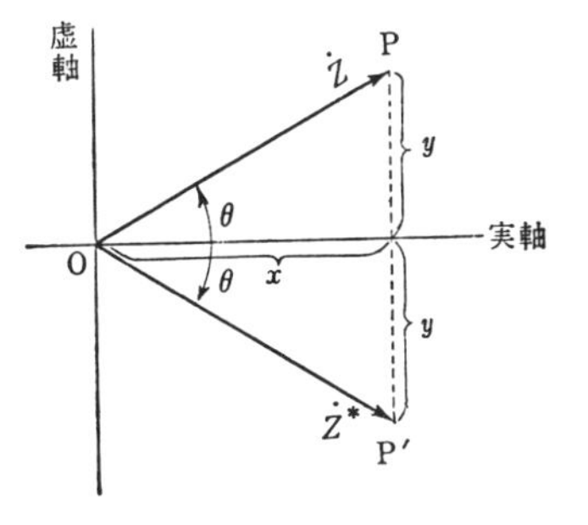

第 4·12 図

複素数の加減　2つの複素数

$$\left.\begin{aligned}\dot{Z}_1&=x_1+jy_1=Z_1\varepsilon^{j\theta_1}\\ \dot{Z}_2&=x_2+jy_2=Z_2\varepsilon^{j\theta_2}\end{aligned}\right\} \qquad (4\cdot30)$$

の和を$\dot{Z}$とすると，その実数部および虚数部は $\dot{Z}_1$ と Z_2 のそれぞれの和をとればよく

$$\dot{Z}=\dot{Z}_1+\dot{Z}_2=(x_1+x_2)+j(y_1+y_2) \qquad (4\cdot31)$$

となり，複素平面では，第 4·13 図のように，平行四辺形の法則で合成されることは図からすぐわかる．また，$\dot{Z}_1-\dot{Z}_2$ のような差の場合は，これを $\dot{Z}_1$ と $-\dot{Z}_2$ の 2 つの和と考えれば，同様に取扱うことができる．

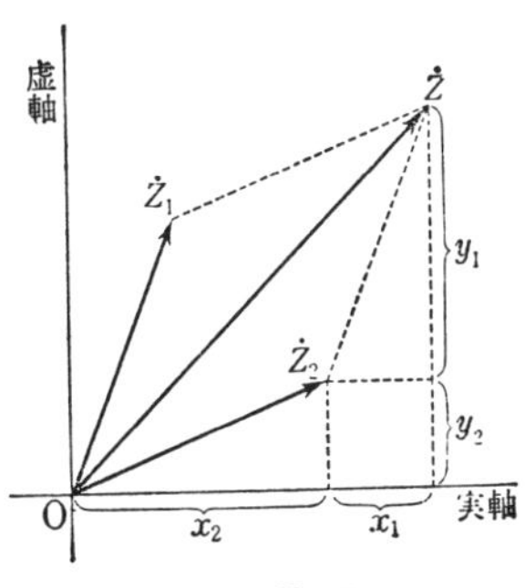

第 4·13 図

複素数の乗除　式(4·30)の2つの複素数の積を$\dot{Z}$とすると，極座標の形では

$$\dot{Z}=\dot{Z}_1\dot{Z}_2=|\dot{Z}_1||\dot{Z}_2|\varepsilon^{j(\theta_1+\theta_2)}=Z_1Z_2\varepsilon^{j(\theta_1+\theta_2)} \tag{4·32}$$

となる．これはまた直角座標の形では

$$\begin{aligned}\dot{Z}&=(x_1+jy_1)(x_2+jy_2)\\&=x_1x_2-y_1y_2+j(x_2y_1+x_1y_2)\end{aligned} \tag{4·33}$$

となるが，式(4·21)，(4·23)および(4·24)の関係を用いれば，上の両式が同じものであることはすぐわかる．

式(4·32)から

$$|\dot{Z}_1\dot{Z}_2|=|\dot{Z}_1||\dot{Z}_2|=Z_1Z_2 \tag{4·34}$$

となり，積の絶対値は絶対値の積に等しいことがわかる．

また，式(4·32)から

$$\arg\dot{Z}=\theta_1+\theta_2=\arg\dot{Z}_1+\arg\dot{Z}_2 \tag{4·34'}$$

となり，積の偏角はそれぞれの偏角の和になることがわかる．

商の場合は同様に

$$\dot{Z}=\frac{\dot{Z}_1}{\dot{Z}_2}=\frac{|\dot{Z}_1|}{|\dot{Z}_2|}\varepsilon^{j(\theta_1-\theta_2)}=\frac{Z_1}{Z_2}\varepsilon^{j(\theta_1-\theta_2)} \tag{4·35}$$

または

$$\begin{aligned}\dot{Z}&=\frac{\dot{Z}_1}{\dot{Z}_2}=\frac{x_1+jy_1}{x_2+jy_2}=\frac{(x_1+jy_1)(x_2-jy_2)}{(x_2+jy_2)(x_2-jy_2)}\\&=\frac{x_1x_2+y_1y_2+j(x_2y_1-x_1y_2)}{x_2{}^2+y_2{}^2}\end{aligned} \tag{4·36}$$

となる．ここで

$$\left|\frac{\dot{Z}_1}{\dot{Z}_2}\right|=\frac{|\dot{Z}_1|}{|\dot{Z}_2|}=\frac{Z_1}{Z_2} \tag{4·37}$$

すなわち，商の絶対値は絶対値の商になることがわかる．

また偏角については式(4·35)から

$$\arg\dot{Z}=\arg\dot{Z}_1-\arg\dot{Z}_2 \tag{4·37'}$$

となり，商の時は差になることがわかる．

ここで，互に共役な複素数の積は

$$\dot{Z}\dot{Z}^* = (x+jy)(x-jy) = x^2+y^2 = Z^2 \qquad (4\cdot38)$$

のようにその絶対値の自乗になることを注意しておく．

複素数の根　Z の n 乗根は

$$\sqrt[n]{Z} = Z^{1/n}\varepsilon^{j\theta/n} \qquad (4\cdot39)$$

のようになる．たとえば，$\sqrt{j}$ を求めるのに，式 (4·24) から

$$j = \varepsilon^{j\pi/2} \qquad (4\cdot40)$$

であるから

$$\sqrt{j} = \varepsilon^{j\pi/4} = \cos\frac{\pi}{4} + j\sin\frac{\pi}{4}$$

$$= \frac{1+j}{\sqrt{2}} \qquad (4\cdot41)$$

となる．

複素数の等式　式 (4·30) の $\dot{Z}_1$ および $\dot{Z}_2$ の式

$$\dot{Z}_1 = \dot{Z}_2 \qquad (4\cdot42)$$

は直角座標成分で表わせば

$$\left.\begin{array}{l} x_1 = x_2 \\ y_1 = y_2 \end{array}\right\} \qquad (4\cdot43)$$

なる 2 つの実数の式を意味している．また，同式は極座標成分で表わせば

$$\left.\begin{array}{l} Z_1 = Z_2 \\ \theta_1 = \theta_2 \end{array}\right\} \qquad (4\cdot44)$$

なる 2 つの実数の式を意味しているのである．

4·5 複素電圧および電流

複素電流　今まで正弦波電流 $I_m\sin(\omega t+\varphi)$ を用いて計算してきたが，これの代りに，$I_m\varepsilon^{j(\omega t+\varphi)}$ なる複素数の電流を考える．これは式 (4·24) によれば

$$I_m\varepsilon^{j(\omega t+\varphi)} = I_m\cos(\omega t+\varphi) + jI_m\sin(\omega t+\varphi) \qquad (4\cdot45)$$

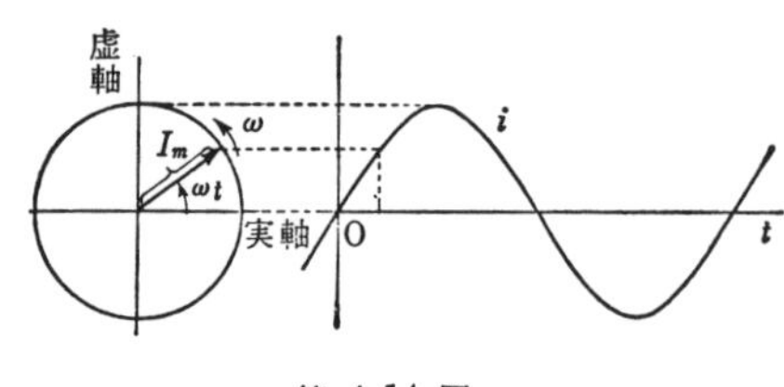

第 4・14 図

のようになり，その虚数部または実数部が実際の電流の波形を表わすものと考えればよい．この複素数電流はまた，第 4・14 図に示すように，長さが I_m で，ω の角速度で反時計方向（counter clockwise）に回わっているベクトルを表わすわけで，$I_m \sin(\omega t+\varphi)$ はこのベクトルの虚軸への投影になっていることがわかる．次に各素子について，このような複素電流を流した場合の電圧を求めてみる．

抵抗の場合　複素電流を $I_m \varepsilon^{j\omega t}$ とし，この時の両端の複素電位差を $V_m \varepsilon^{j(\omega t+\varphi)}$ となるとして，それぞれを式（4・11）の i および v に代入してみると

$$V_m \varepsilon^{j(\omega t+\varphi)} = RI_m \varepsilon^{j\omega t} \tag{4・46}$$

となる．これは式（4・43）に示ししたような，実数部についての式と虚数部についての式の 2 つの等式に分解されるから，上式は式（4・45）を考えれば

$$V_m \cos(\omega t+\varphi) = RI_m \cos \omega t \tag{4・47}$$

$$V_m \sin(\omega t+\varphi) = RI_m \sin \omega t \tag{4・48}$$

の 2 つの式になる．式（4・48）は式（4・12）と同じで，これから式（4・13）が得られる．ところで，式（4・46）の極座標成分を考えれば，式（4・44）から直ちに

$$V_m = RI_m \tag{4・49}$$

$$\varphi = 0 \tag{4・50}$$

を得ることができ，式(4・47)および式(4・48)のように，実部および虚部に分解することなしに，複素数の値から直接必要な結果を得ることができる．

インダクタンスの場合　前と同様に，インダクタンスの電流および電圧を複素数で考えると，式（4・14）から

$$V_m \varepsilon^{j(\omega t+\varphi)} = L\frac{d}{dt}(I_m \varepsilon^{j\omega t}) = j\omega L I_m \varepsilon^{j\omega t} \tag{4・51}$$

となり，この式からすぐ

$$V_m=\omega LI_m \tag{4·52}$$

および

$$\varepsilon^{j(\omega t+\varphi)}=j\varepsilon^{j\omega t}=\varepsilon^{j\left(\omega t+\frac{\pi}{2}\right)}$$

従って，

$$\varphi=\frac{\pi}{2} \tag{4·53}$$

が得られる．もちろん，これらは前に得た結果，式 (4·16) と同じである．

静電容量の場合　上と同様にして，式 (4·17) から

$$V_m\varepsilon^{j(\omega t+\varphi)}=\frac{1}{C}\int I_m\varepsilon^{j\omega t}dt$$

$$=\frac{1}{j\omega C}I_m\varepsilon^{j\omega t} \tag{4·54}$$

これから

$$V_m=\frac{I_m}{\omega C} \tag{4·55}$$

および

$$\varepsilon^{j(\omega t+\varphi)}=\frac{1}{j}\varepsilon^{j\omega t}=\varepsilon^{j\left(\omega t-\frac{\pi}{2}\right)}$$

従って，

$$\varphi=-\frac{\pi}{2} \tag{4·56}$$

を得る．結局以上のように，いずれの場合も，電圧および電流は複素数のままで実部と虚部に分解することなしに，直ちに必要な結果が得られることがわかったわけである．

電圧および電流ベクトル　今，複素電圧を $V_m\varepsilon^{j(\omega t+\varphi_V)}$，複素電流を $I_m\varepsilon^{j(\omega t+\varphi_I)}$ とすると，第 4·14 図に示したことから，この2つのベクトルは $(\varphi_V-\varphi_I)$ の角度を保ちつつ，第 4·15 図に示すように，一緒に ω の角速度で反時計方向にまわる．ところが上にも述べたよ

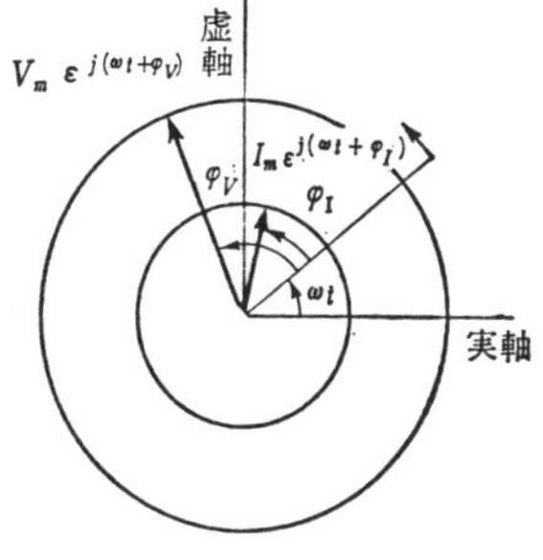

第 4·15 図

うに，われわれが求めるのは2つのベクトルの相対的関係なのであって，回転させる必要はない．つまり，上の複素電圧（電流）の形から $\varepsilon^{j\omega t}$ の因子を省いて考えてよい．従って，このような複素電圧および電流の代りに，$\dot{V}$ および $\dot{I}$ を

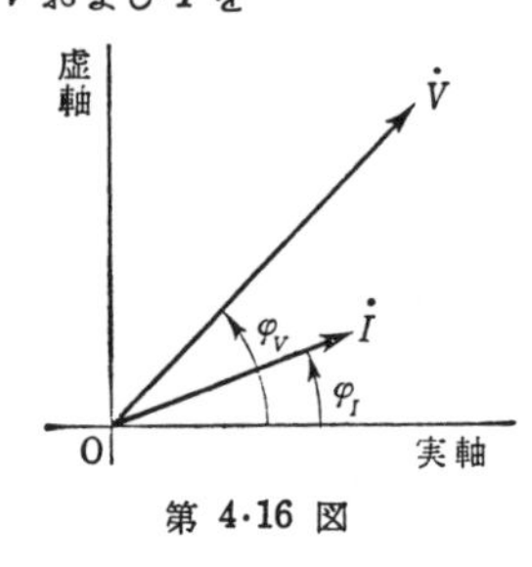

第 4·16 図

$$\dot{V}=\frac{V_m}{\sqrt{2}}\varepsilon^{j\varphi_V},\qquad \dot{I}=\frac{I_m}{\sqrt{2}}\varepsilon^{j\varphi_I}\qquad (4\cdot57)$$

のように定義して，これを交流の場合の電圧および電流として用いればよい．ここで V および I はそれぞれ実効値を示していることを注意しておく．第 4·16 図に上式の $\dot{V}$ および $\dot{I}$ のベクトル図を示す．

4·6 インピーダンス

インピーダンス　抵抗は直流電圧と直流電流との比として定義されたが，前節で述べたように，交流では複素電圧および複素電流を用いるので，直流における抵抗に対して，複素電圧と複素電流との比をとり，これをインピーダンス (impedance) と名づける．式 (4·57) の $\dot{V}$ および $\dot{I}$ を用いれば，複素電圧および電流はそれぞれ $\sqrt{2}\dot{V}\varepsilon^{j\omega t}$ および $\sqrt{2}\dot{I}\varepsilon^{j\omega t}$ のようになり，インピーダンス $\dot{Z}$ は

$$\dot{Z}=\frac{\sqrt{2}\dot{V}\varepsilon^{j\omega t}}{\sqrt{2}\dot{I}\varepsilon^{j\omega t}}=\frac{\dot{V}}{\dot{I}}\qquad (4\cdot58)$$

となる．ここで，$\dot{Z}$ は一般に複素数となることはいうまでもない．

各素子のインピーダンス　抵抗，インダクタンスおよびコンデンサ等の各素子のインピーダンスはそれぞれ次のようになる．なお，インピーダンスの単位は抵抗と同じオームとなることはいうまでもない．

式 (4·49)，(4·50)，および (4·58) から抵抗のインピーダンスは

$$\text{抵抗のインピーダンス}=\frac{\dfrac{V_m}{\sqrt{2}}}{\dfrac{I_m}{\sqrt{2}}}=R\ [\Omega]\qquad (4\cdot59)$$

インダクタンスのインピーダンスは式 (4·52), (4·53) および (4·58) から

$$\text{インダクタンスのインピーダンス}=\frac{\dfrac{V_m}{\sqrt{2}}\varepsilon^{j\frac{\pi}{2}}}{\dfrac{I_m}{\sqrt{2}}}=j\omega L\ [\Omega] \qquad (4\cdot 60)$$

また，静電容量のインピーダンスは式 (4·55), (4·56) および (4·58) から

$$\text{静電容量のインピーダンス}=\frac{\dfrac{V_m}{\sqrt{2}}\varepsilon^{-j\frac{\pi}{2}}}{\dfrac{I_m}{\sqrt{2}}}=\frac{1}{j\omega C}\ [\Omega] \qquad (4\cdot 61)$$

等のようになる．このように，抵抗のインピーダンスはその抵抗値になり，これは実数であるが，インダクタンスおよび静電容量のインピーダンスは純虚数となる．

インピーダンス・ベクトルおよびリアクタンス インピーダンスは複素数なのであるから，これも複素面でベクトルとして表わすことができる．式 (4·58) は式 (4·37) および (4·37)′ の関係から

$$|\dot{Z}|=\frac{|\dot{V}|}{|\dot{I}|} \qquad (4\cdot 62)$$

および

$$\arg\dot{Z}=\arg\dot{V}-\arg\dot{I} \qquad (4\cdot 63)$$

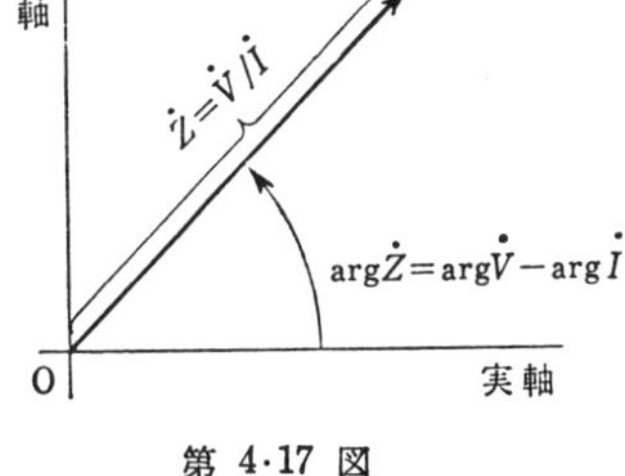

第 4·17 図

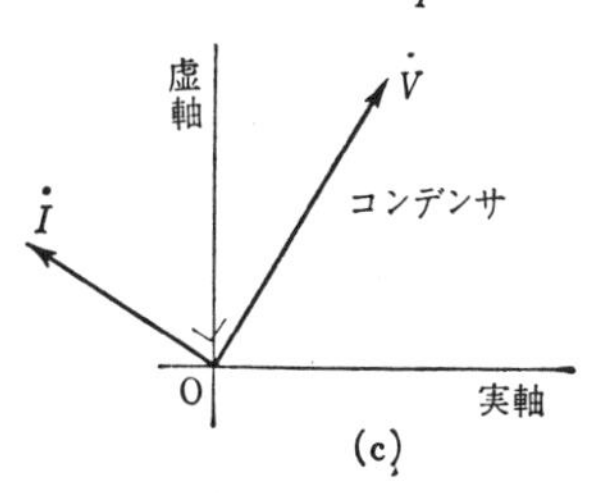

第 4·18 図

の 2 つの式を意味しているのであるが，これから，$\dot{Z}$ のベクトルは 第 4·17

図のようになることがわかる.

また, $\dot{Z}$が与えられた時の$\dot{V}$と$\dot{I}$の関係は第 4·18 図（a）のようになり, 従って, 素子がインダクタンスの時は, 式 (4·60) からこれが同図（b）のようになり, 静電容量の時は, 式 (4·61) から（c）のようになる.

インピーダンスが純虚数になる時, その大きさをリアクタンス (reactance) という. インダクタンスは ωL [Ω] のリアクタンスを, 静電容量は $1/\omega C$ [Ω] のリアクタンスをもつことになる. 前者を誘導性リアクタンス (inductive reactance), 後者を容量性リアクタンス (capacitive reactance) という.

アドミッタンスおよびサセプタンス　インピーダンスの逆数をアドミッタンス (admittance) という. アドミッタンスが実数になる時は, これはコンダクタンスになるが, 純虚数になる時はその大ささをサセプタンス (susceptance) という. アドミッタンスを$\dot{Y}$とすれば式 (4·58) の関係は

$$\dot{I}=\dot{Y}\dot{E} \tag{4·64}$$

ただし

$$\dot{Y}=1/\dot{Z}$$

となる.

4·7 インピーダンスの接続

今の場合, 各量は複素数であるが, 抵抗の代りにインピーダンスを考えれば, 形式的にはオームの法則と同じ式 (4·58) が成り立つから ($\dot{Z}$は$\dot{V}$や$\dot{I}$に無関係な定数だから) 2·4 の抵抗の各接続の場合と, 形式的には同じ結果が得られることが考えられるが, 次にそれぞれの場合について調べてみよう.

(i) 直列接続

第 4·19 図に示すように, $\dot{Z}_1, \dot{Z}_2, \cdots\cdots, \dot{Z}_n$ の n 個のインピーダンスが直列に接続されている時の合成インピーダンス$\dot{Z}$を求めてみる. ところで, これに流れる電流$\dot{I}$は複素数なのであるから,

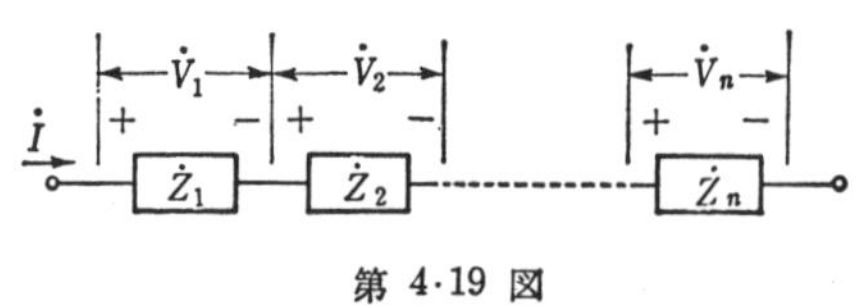

第 4·19 図

直列の各素子に流れる電流が皆同じかどうかということはすぐにはいえない．ところが今，$I_m \sin\omega t$ なる電流が流れているとすれば，各素子の電流が等しいことは明らかである．また，$I_m \cos\omega t$ なる電流が流れているとしても同じである．従って，後者に j を乗じて，この2つの電流を加え合わせて考えれば，複素電流についても各素子に同じ電流が流れるとしてよいことがわかる．また，各素子に加わる電圧 $\dot{V}_1, \dot{V}_2, \dot{V}_3, \cdots\cdots, \dot{V}_n$ の和が全体に加わる電圧 $\dot{V}$ となること，すなわち

$$\dot{V}=\dot{V}_1+\dot{V}_2+\cdots\cdots+\dot{V}_n \qquad (4\cdot65)$$

となることも，上に述べたのと同じようにして，各量の実数部と虚数部を別々に考え，後に加え合わせてみればわかる．

従って，式 (4·58) から

$$\dot{V}_1=\dot{Z}_1\dot{I},\ \ \dot{V}_2=\dot{Z}_2\dot{I}, \cdots\cdots, \dot{V}_n=\dot{Z}_n\dot{I} \qquad (4\cdot66)$$

となり，結局，2·4 の場合と同様に

$$\dot{Z}=\dot{Z}_1+\dot{Z}_2+\cdots\cdots+\dot{Z}_n \qquad (4\cdot67)$$

を得る．また，合成アトミッタンスを $\dot{Y}$ とすれば

$$\frac{1}{\dot{Y}}=\frac{1}{\dot{Y}_1}+\frac{1}{\dot{Y}_2}+\cdots\cdots+\frac{1}{\dot{Y}_n} \qquad (4\cdot68)$$

となる．

(ii) 並列接続

第 4·20 図に示す並列の各素子の電流 $\dot{I}_1, \dot{I}_2, \cdots\cdots, \dot{I}_n$ と全電流 $\dot{I}$ との間の関係は，直流の場合と同じ形

$$\dot{I}=\dot{I}_1+\dot{I}_2+\cdots\cdots+\dot{I}_n \qquad (4\cdot69)$$

となることは前に述べた考え方でわかる．また，各素子 $\dot{Z}_1, \dot{Z}_2, \cdots\cdots, \dot{Z}_n$ に加わる電圧は皆等しく $\dot{V}$ であることは明らかである．従って，これも 2·4 の場合と同様に

$$\frac{1}{\dot{Z}}=\frac{1}{\dot{Z}_1}+\frac{1}{\dot{Z}_2}+\cdots\cdots+\frac{1}{\dot{Z}_n} \qquad (4\cdot70)$$

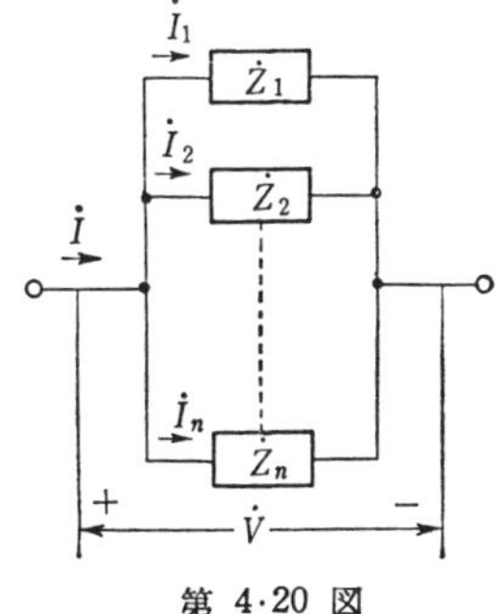

第 4·20 図

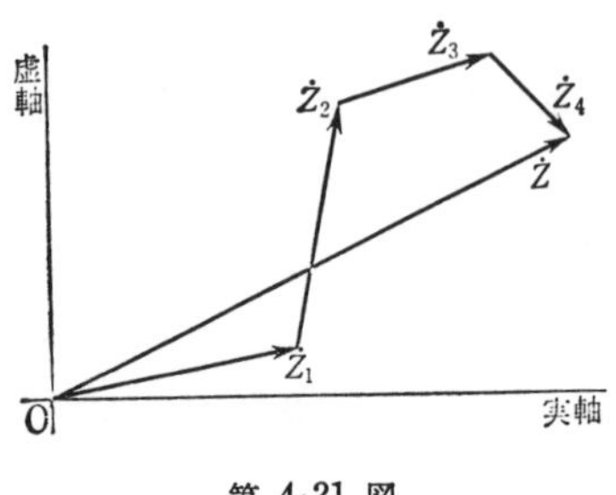

第 4·21 図

となり，アドミッタンスで表わせば

$$\dot{Y}=\dot{Y}_1+\dot{Y}_2+\cdots\cdots+\dot{Y}_n \qquad (4\cdot71)$$

となる．

以上の結果については，各量が複素数であることに注意しなければならない．式 (4·67) をベクトル図で表わせば，例えば，第 4·21 図のようになる．

4·8 直列回路

抵抗，容量およびインダクタンスのうち，どれか2つまたは3つの直列回路のいろいろな特性を求めてみる．

(i) 抵抗とインダクタンスの直列回路

抵抗をR，インダクタンスをLとすれば，式 (4·67) から合成インピーダンス$\dot{Z}$は

$$\dot{Z}=R+j\omega L \qquad (4\cdot72)$$

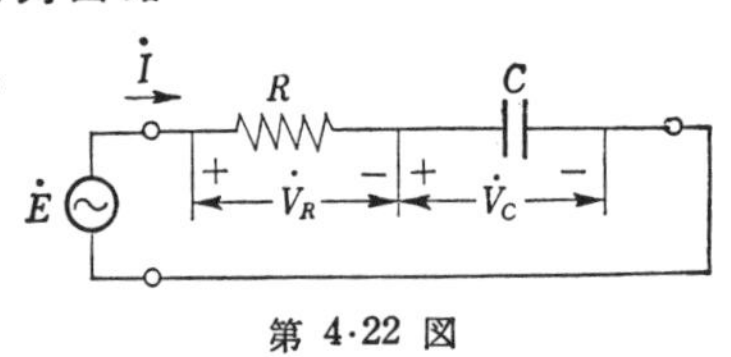

第 4·22 図

となる．これのベクトル図は第 4·23 図のようになり，これから

$$|\dot{Z}|=\sqrt{R^2+\omega^2L^2}, \qquad \arg\dot{Z}=\tan^{-1}\frac{\omega L}{R} \qquad (4\cdot73)$$

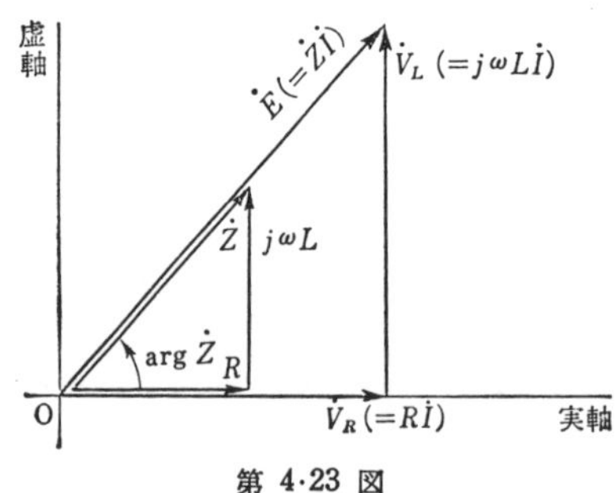

第 4·23 図

となることがわかる．また第 4·22 図のように，これに$\dot{E}$なる交流起電力を加えた時，抵抗での電圧降下 $\dot{V}_R$ およびインダクタンスでの電圧降下 $\dot{V}_L$ は

$$\dot{E}=\dot{V}_R+\dot{V}_L \qquad (4\cdot74)$$

$$\dot{V}_R=R\dot{I},\quad \dot{V}_L=j\omega L\dot{I} \qquad (4\cdot75)$$

となる．ここで，$\dot{E}$または$\dot{I}$の位相角はその差が問題になるのだから，そのどちらかの位相角は適当に決めてよい．従って今便宜上，$\dot{I}$を実軸にとって

考えると，これらのベクトル関係は第 4·23 図のようになる．

次に，この回路に一定の大きさの起電力$\dot{E}$を加え，その周波数を変えた時，$\dot{Z}$, $\dot{I}$, $\dot{V}_R$ および $\dot{V}_L$ 等がどのように変るかを調べてみる．まず$\dot{Z}$については，式 (4·73) から第 4·24 図が得られる．$\dot{I}$については

$$\dot{I}=\frac{\dot{E}}{\dot{Z}}=\frac{E}{Z}\varepsilon^{j\theta}, \qquad \theta=\arg\dot{E}-\arg\dot{Z} \tag{4·76}$$

となり

$$I=\frac{E}{\sqrt{R^2+\omega^2L^2}}, \qquad \arg\dot{I}=\arg\dot{E}-\arg\dot{Z} \tag{4·77}$$

を得る．これからそれぞれの周波数特性 (frequency characteristic) を計算して図示すれば，第 4·25 図のようになる．

$\dot{V}_R$ は式 (4·75) からわかるように$\dot{I}$のR倍だから，前図と同じ形になる

$\dot{V}_L$ は式 (4·75) と式 (4·77) から

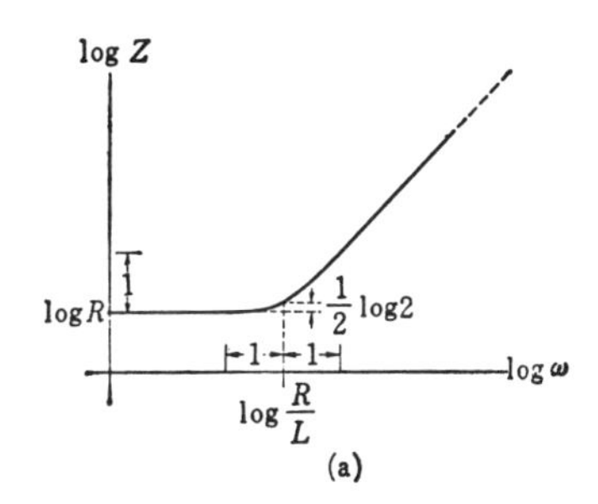

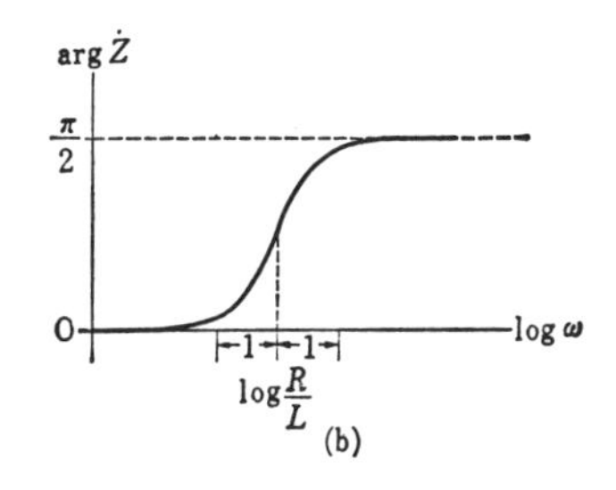

第 4·24 図

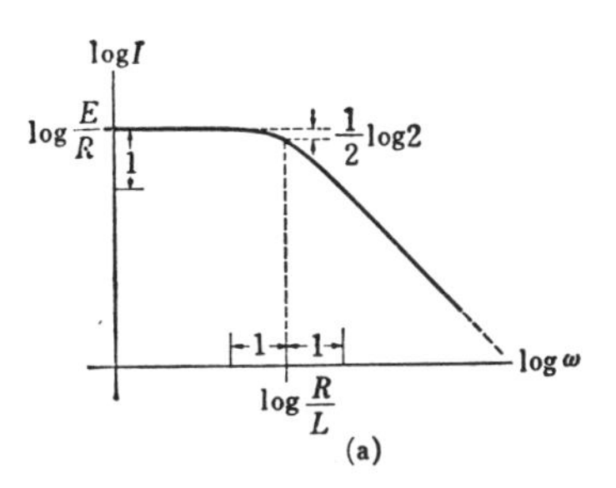

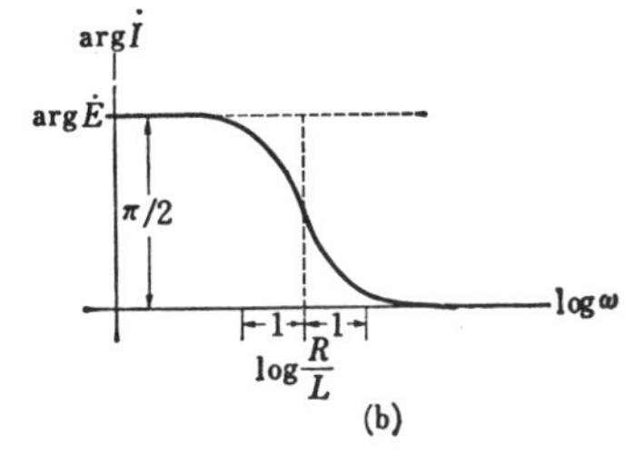

第 4·25 図

$$V_L=\omega LI=\frac{\omega L}{\sqrt{R^2+\omega^2L^2}}E,$$

$$\arg\dot{V}_L=\frac{\pi}{2}+\arg\dot{I}=\frac{\pi}{2}+\arg\dot{E}-\arg\dot{Z} \qquad (4\cdot78)$$

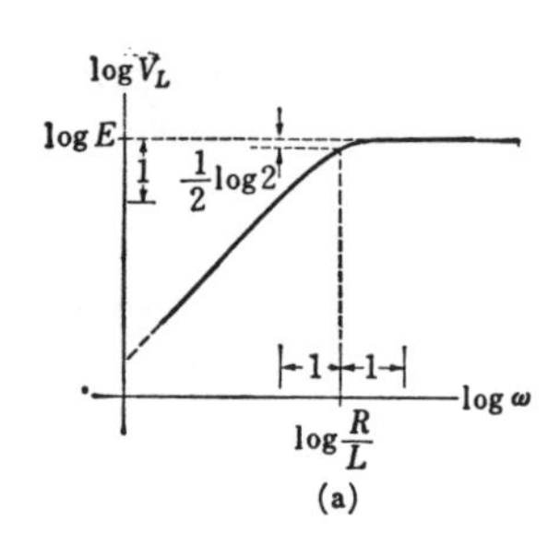

(a)

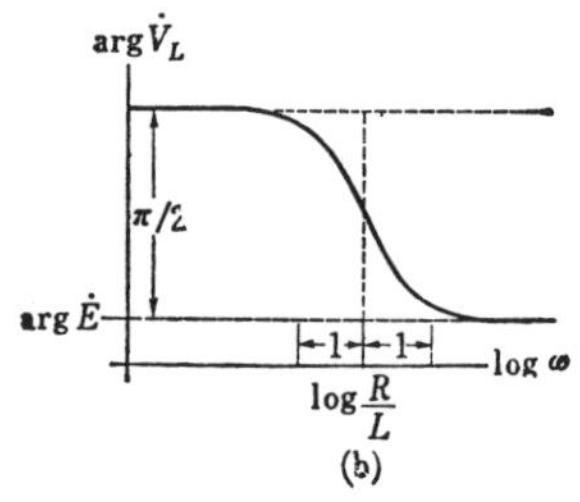

(b)

第 4·26 図

となる．これの図を第 4·26 図に示す．なお以上の各周波数特性で

$$\omega=\frac{R}{L}\ すなわち\ f=\frac{R}{2\pi L} \qquad (4\cdot79)$$

なる周波数の所では，$R/Z, IR/E$ および V_L/E は $1/\sqrt{2}$，また，$\arg\dot{Z}$, $\arg\dot{E}/\dot{I}$ および $\arg\dot{V}_L/\dot{E}$ は $\pi/4$ になり，この周波数が特性の変化する部分の位置を決める目安になることを注意しておく．

これらの特性を利用して，色々な周波数をもつ電源から，低周波側の部分または高周波側の部分だけを取り出すための回路の1つとして，それぞれ第 4·27 図（a）および（b）のような回路が用いられる．なおこのように，電源の周波数のある部分だけをとり出す目的の回路を濾波（ろは）回路または濾波器（filter）という．

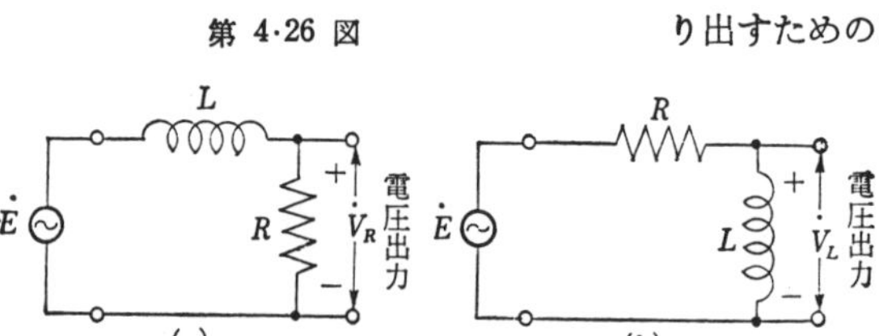

第 4·27 図

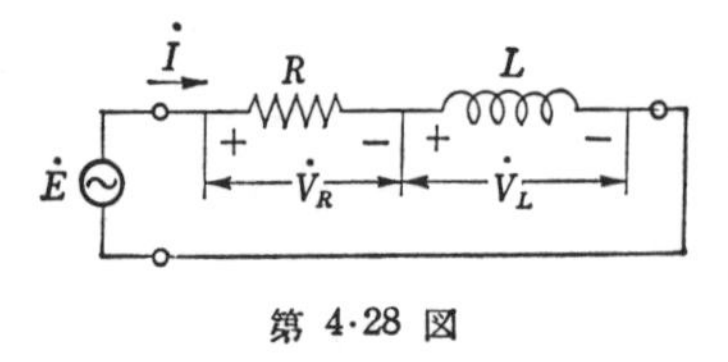

第 4·28 図

(ii) 抵抗と容量の直列回路

第 4·28 図に示す直列回路のインピーダンス$\dot{Z}$は

$$\dot{Z}=R+\frac{1}{j\omega C}=R-j\frac{1}{\omega C} \tag{4·80}$$

これから

$$\left.\begin{aligned}Z&=\sqrt{R^2+\frac{1}{\omega^2C^2}}\\ \arg\dot{Z}&=-\tan^{-1}\frac{1}{\omega CR}\\ &=-\cot^{-1}\omega CR\end{aligned}\right\} \tag{4·81}$$

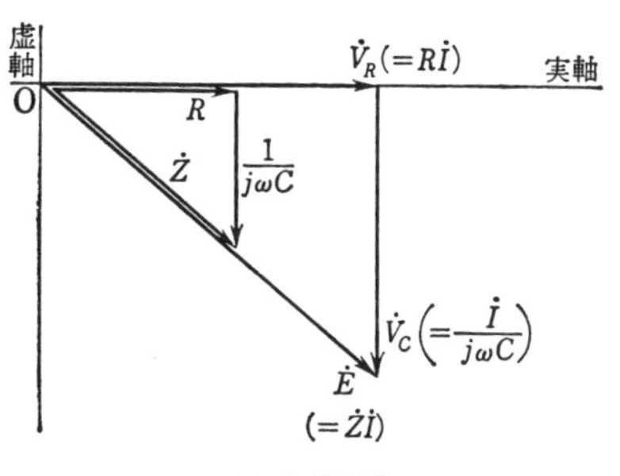

第 4·29 図

また，このベクトル図は第 4·29 図のようになる．この回路に電圧$\dot{E}$を加えた時の電流$\dot{I}$を実軸にとり，RおよびCにおける電圧降下それぞれ $\dot{V}_R(=R\dot{I})$ および $\dot{V}_C(=\dot{I}/j\omega C)$ と $\dot{E}$ の間のベクトル関係も同図に示す．

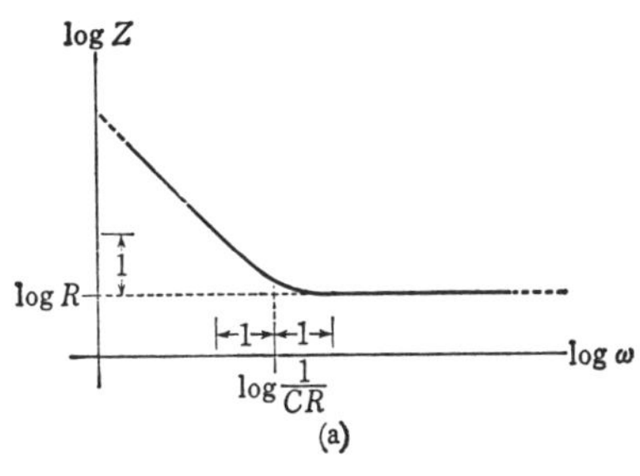

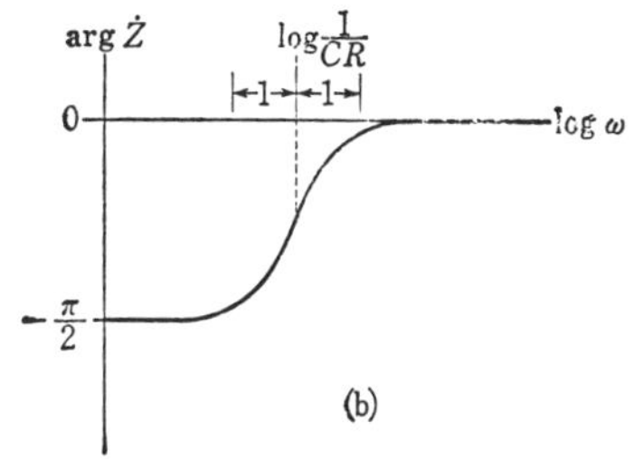

第 4·30 図

ところで電流$\dot{I}$は

$$\dot{I}=\frac{\dot{E}}{R+\dfrac{1}{j\omega C}} \tag{4·82}$$

であり，これから

$$\begin{aligned}I&=\frac{\omega CE}{\sqrt{1+\omega^2C^2R^2}},\\ \arg\dot{I}&=\arg\dot{E}+\cot^{-1}\omega CR\end{aligned} \tag{4·83}$$

となる．さらに $\dot{V}_R$ は $\dot{I}$ の実数倍で，$\dot{V}_C$ は

$$\dot{V}_C=\frac{\dot{E}}{1+j\omega CR} \tag{4·84}$$

から

$$V_C=\frac{E}{\sqrt{1+\omega^2C^2R^2}}, \quad \arg\dot{V}_C=\arg\dot{E}-\tan^{-1}\omega CR \qquad (4\cdot85)$$

となる．今，$\dot{E}$が一定の場合の $\dot{Z}$, $\dot{I}$ および $\dot{V}_C$ 等の各量の周波数特性をこれらの式から求めると，第 4·30 図，第 4·31 図および第 4·32 図のようになる．

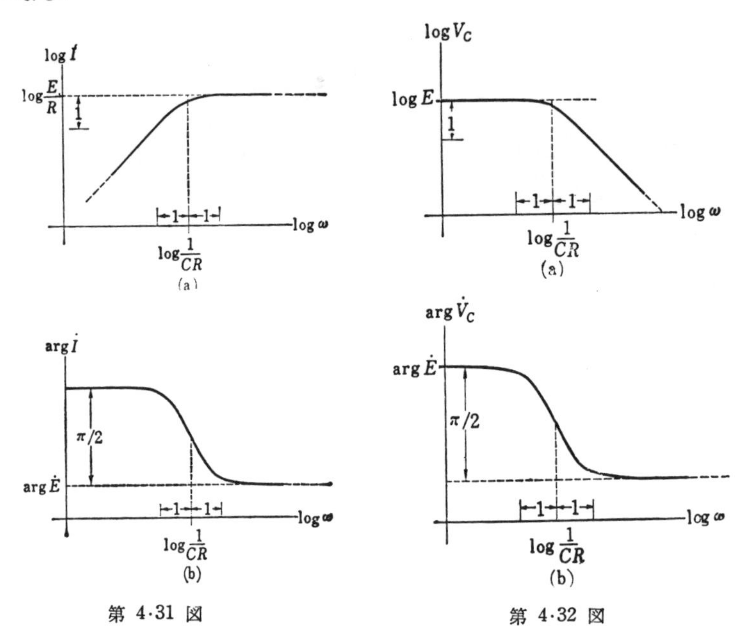

第 4·31 図　　　　第 4·32 図

(iii) 抵抗，インダクタンスおよび容量の直列回路

第 4·33 図に示す直列回路のインピーダンスZは

$$\dot{Z}=R+j\omega L+\frac{1}{j\omega C} \qquad (4\cdot86)$$

すなわち

$$\dot{Z}=R+j\left(\omega L-\frac{1}{\omega C}\right) \qquad (4\cdot87)$$

これから

$$Z=\sqrt{R^2+\left(\omega L-\frac{1}{\omega C}\right)^2} \qquad (4\cdot88)$$

$$\arg\dot{Z}=\tan^{-1}\frac{1}{R}\left(\omega L-\frac{1}{\omega C}\right) \qquad (4\cdot88)'$$

となる．ベクトル図は第 4·34 図に示す．第 4·33 図に示した $\dot{V}_R, \dot{V}_L, \dot{V}_C$ のベクトル関係も第 4·34 図に示す．ただし $\dot{I}$ を実軸にとっている．式 (4·88) をみれば，この回路では

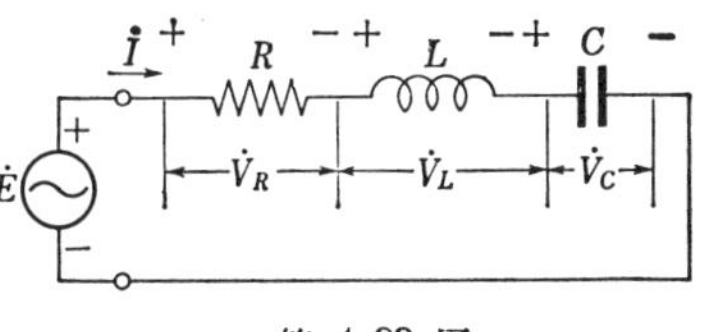

第 4·33 図

$$\omega=\frac{1}{\sqrt{LC}}(=\omega_r=2\pi f_r) \quad (4\cdot89)$$

の時 Z は最も小さくなって，実数値 R になる．つまり一定の印加電圧 $\dot{E}$ に対しては，この周波数の時 I が最大になることがわかる．

この現象を少し詳しく調べてみる．回路の電流 $\dot{I}$ は

第 4·34 図

$$\dot{I}=\frac{\dot{E}}{R+j\left(\omega L-\dfrac{1}{\omega C}\right)} \quad (4\cdot90)$$

従って

$$I=\frac{E}{\sqrt{R^2+\left(\omega L-\dfrac{1}{\omega C}\right)^2}},\quad \arg\dot{I}=\arg\dot{E}-\tan^{-1}\frac{1}{R}\left(\omega L-\frac{1}{\omega C}\right) \quad (4\cdot91)$$

となる．上式から I の周波数特性を図示すると，第 4·35 図（a）のようになり，曲線は $f_r\left(=\dfrac{1}{2\pi\sqrt{LC}}\right)$ の周波数のところで最大を示し，この山は R が小さい程高く鋭くなる．また，位相角は同図（b）のようになり，f_r のところで急に変化し，この変化も R が小さい程急になる．$\dot{V}_C\left(=\dfrac{\dot{I}}{j\omega C}\right)$ および $\dot{V}_L(=j\omega L\dot{I})$ を同様にして求めると，その周波数特性は前図と似た形で，やはり f_r で最大になる．このような現象を直列共振 (series resonance) 現象とよび，この周波数 f_r を共振周波数 (resonant frequency) という．f_r での I，V_C および V_L はそれぞれ

$$I_{(f=f_r)}=\frac{E}{R},\quad V_{C(f=f_r)}=\frac{E}{\omega_r CR},\quad V_{L(f=f_r)}=\frac{\omega_r LE}{R} \tag{4·92}$$

となる．ここで式 (4·89) を考えれば，$f=f_r$ では $V_C=V_L$ となることがわかる．上式でわかるように，R が小さい時は $\frac{\omega_r L}{R}\left(=\frac{1}{\omega_r CR}\right)$ が大きくなり，L および C に加わる電圧は非常に大きくなるが，電気機器でこのような現象が起った場合，機器を破損することがある．しかし，ラジオ等ではこの現象を利用して，アンテナでとらえた微弱な電圧を，$\omega_r L/R$ の大きい回路で共振させて，$\omega_r L/R$ 倍に拡大する．この場合都合がよいことには，アンテナからはいろいろな周波数の電圧が同時に入ってくるが，丁度回路の共振周波数に等しいものだけしか拡大しないので，１つの周波数の電圧だけを選び出すことができる．ラジオでは L または C を変えて，目的の周波数に合わせるが，このことを同調 (tuning) とよぶ．なお，この回路の R がコイルの抵抗である時，$\omega_r L/R$ をそのコイルの Q(quality factor) といい，これは同調用コイルの“よさ”を表わす量になる．

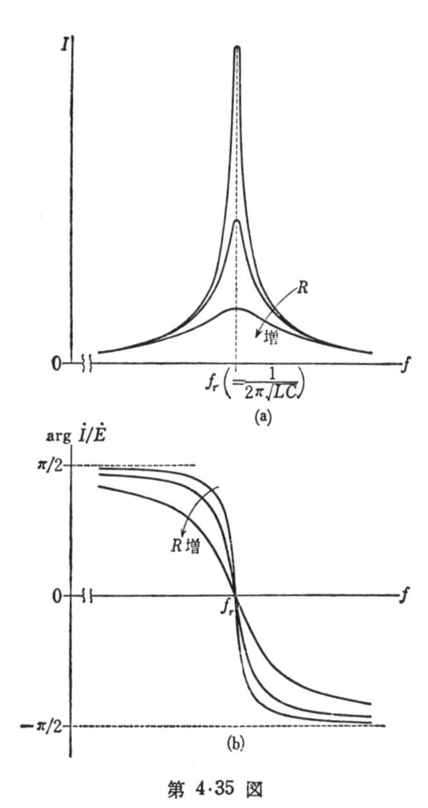

第 4·35 図

4·9 並列回路

(i) 抵抗と容量の並列回路

第 4·36 図の回路の合成アドミッタンスは式 (4·71) から

$$\dot{Y}=\frac{1}{R}+j\omega C \tag{4·93}$$

となり，これから

$$Y=\sqrt{\frac{1}{R^2}+\omega^2C^2},\quad \arg\dot{Y}=\tan^{-1}\omega CR \tag{4·94}$$

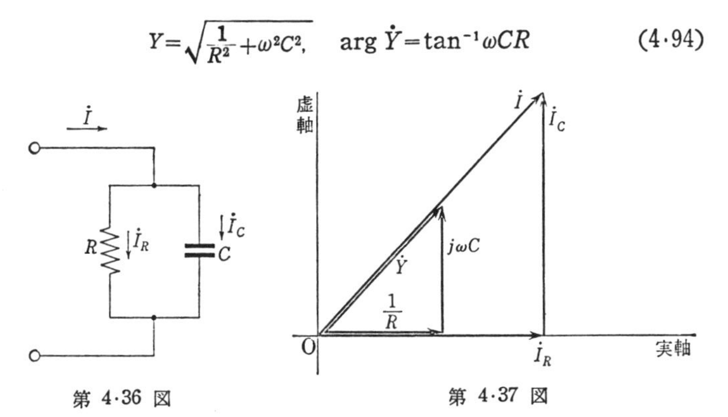

第 4·36 図　　第 4·37 図

を得る．これのベクトル図は第4·37図のようになる．また，合成インピーダンスは

$$\dot{Z}=\frac{1}{\dot{Y}}=\frac{1}{\dfrac{1}{R}+j\omega C} \tag{4·95}$$

$$Z=\frac{1}{\sqrt{\dfrac{1}{R^2}+w^2C^2}},\quad \arg\dot{Z}=-\tan^{-1}\omega CR \tag{4·96}$$

となる．これらの周波数特性はすでに述べたものと同様な形になり，次のような対応を考えればよい．

$\dot{Y}$の周波数特性：式 (4·72) と式 (4·93) の対応から，第 4·24 図のRを$\dfrac{1}{R}$に，LをCに書きかえれば，同図が$\dot{Y}$の特性になる．この場合，式(4·79)に示した特性の目安になる周波数に対応するものは $\dfrac{1}{2\pi CR}$ となることを注意しておく．

$\dot{Z}$の周波数特性：式 (4·72) を (4·76) に入れたものと式 (4·95) との対応から，第 4·25 図のRを$\dfrac{1}{R}$に，LをCに，またEを1に書きかえれば，同図が$\dot{Z}$の特性になる．

さらに，この回路に一定の電圧$\dot{E}$を加えた時の電流の周波数特性は上の$\dot{Y}$の特性の$\dot{E}$倍になり，一定電流$\dot{I}$を流した時の電位差の特性は上の$\dot{Z}$の特性の$\dot{I}$倍になるわけである．この回路も濾波器の一種として利用することがある．

(ii)　抵抗のあるインダクタンスおよび容量の並列回路

第 4·38 図に示す回路の合成アドミッタンスを$\dot{Y}$とすると

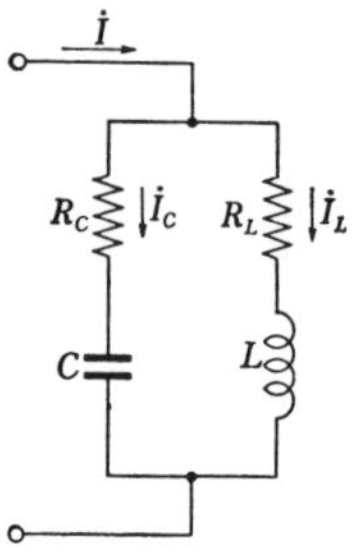

$$\dot{Y}=\frac{1}{R_C+\dfrac{1}{j\omega C}}+\frac{1}{R_L+j\omega L}$$

$$=\frac{(1-\omega^2 LC)+j\omega C(R_L+R_C)}{(R_L-\omega^2 LCR_C)+j\omega(L+CR_CR_L)} \quad (4\cdot97)$$

第 4·38 図

となり，また

$$\left.\begin{aligned}\dot{I}&=\dot{I}_L+\dot{I}_C\\ \dot{I}_L(R_L+j\omega L)&=\dot{I}_C\left(R_C+\frac{1}{j\omega C}\right)\end{aligned}\right\} \quad (4\cdot98)$$

なる関係から

$$\left.\begin{aligned}\dot{I}_L&=\frac{R_C+\dfrac{1}{j\omega C}}{R_L+R_C+j\left(\omega L-\dfrac{1}{\omega C}\right)}\dot{I}\\ \dot{I}_C&=\frac{R_L+j\omega L}{R_L+R_C+j\left(\omega L-\dfrac{1}{\omega C}\right)}\dot{I}\end{aligned}\right\} \quad (4\cdot99)$$

を得る．ここで，もし $R_L=R_C=0$ ならば，式(4·97)および式(4·99)から

$$\dot{E}=\frac{\dot{I}}{\dot{Y}}=\frac{j\omega L}{1-\omega^2 LC}\dot{I},\quad \dot{I}_L=\frac{\dot{I}}{1-\omega^2 LC},\quad \dot{I}_C=\frac{-\omega^2 LC}{1-\omega^2 LC}\dot{I} \quad (4\cdot100)$$

となり，さらにここで$\dot{I}$を一定とすれば，

$$\omega=\frac{1}{\sqrt{LC}}(=\omega_r) \quad (4\cdot101)$$

なる周波数で，式(4·100) のE, I_L, I_C は無限大となる．R_L, R_C がある小さい値をもつ時は，この各量は無限大にはならないが，ある大きい値になる．この場合の周波数の変化による各量の変化の様子は第 4·35 図に示した

ものと似ている．このような状態を並列共振（parallel resonance）という．

次に，式（4·97）で

$$R_L^2 = R_C^2 = \frac{L}{C} \tag{4·102}$$

とおいてみれば

$$\dot{Z} = \frac{1}{\dot{Y}} = R \tag{4·103}$$

となり，この場合のインピーダンスは周波数に無関係になることがわかる．この原理は，インダクタンスまたは静電容量のある回路の周波数特性を平坦にするのに利用されることがある．

4·10 相互インダクタンスのある回路

第 4·39 図に示すような，相互インダクタンスをもつ回路の問題について述べる．同図に示すように，自己インダクタンスがそれぞれ L_1 および L_2，その間の相互インダクタンスが M で，その一方に R_1 の抵抗と e の起電力がつながれ，他方に R_2 がつながれ，それぞれの電流が i_1 および i_2 であるとすると，この L_1 の方すなわち①の回路について，次の微分方程式が成り立つ．

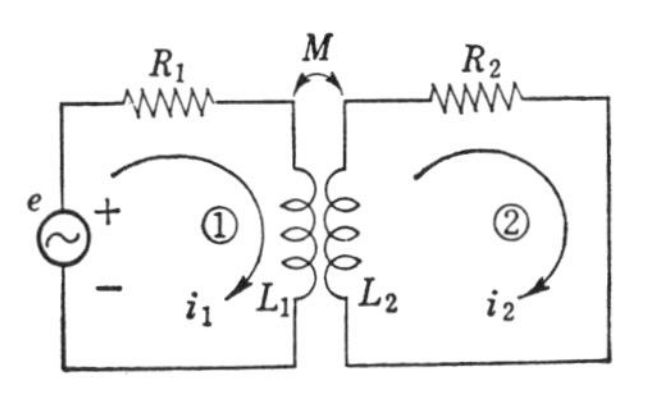

第 4·39 図

$$R_1 i_1 + L_1 \frac{di_1}{dt} + M \frac{di_2}{dt} = e \tag{4·104}$$

この式は，①の回路の電圧降下は，R_1 による降下（左辺第 1 項）の他に，i_1 の時間変化による式（3·72）の形の自己インダクタンスの逆起電力（第 2 項）と，i_2 の時間変化による式（3·73）の形の相互インダクタンスの逆起電力（第 3 項）の和であることを意味している．ただし，M の正負については，すでに 3·7 あるいは 3·8 でのべたように，L_1 に鎖交する磁束の中，i_1 によるものと i_2 によるものとが，同一方向になる場合を正にとっていることはいうまでもない．この場合，L_1 の全鎖交数は $L_1 i_1 + M i_2$ となり，上式左辺の第 2，第 3 項はこれの時間変化による逆起電力になっているのである．

次に②の回路については，同様にして次の式がなりたつ．

$$R_2 i_2 + L_2 \frac{di_2}{dt} + M\frac{di_1}{dt} = 0 \tag{4·105}$$

今，起電力を正弦波として，$E_m \varepsilon^{j\omega t}$ なる複素数の形で表わせば，電流も同様な形で $I_m \varepsilon^{j(\omega t+\varphi)}$ と書くことができる．式 (4·51) および (4·54) の計算でわかるように，この場合は d/dt を形式的に $j\omega$ に書きかえればよいことを考えれば，上の2つの式はただちに

$$\left.\begin{aligned}(R_1+j\omega L_1)\dot{I}_1+j\omega M\dot{I}_2&=\dot{E}\\ j\omega M\dot{I}_1+(R_2+j\omega L_2)\dot{I}_2&=0\end{aligned}\right\} \tag{4·106}$$

となることがわかる．ただしここで，$\dot{E}$, $\dot{I}$ 等は前節までに用いたのと同じ複素電圧および複素電流である．上式を連立方程式としてとけば

$$\dot{I}_1=\frac{\dot{E}}{R_1+j\omega L_1+\dfrac{\omega^2M^2}{R_2+j\omega L_2}} \tag{4·107}$$

$$\dot{I}_2=\frac{\dot{E}}{j\omega M-\dfrac{(R_1+j\omega L_1)(R_2+j\omega L_2)}{j\omega M}} \tag{4·108}$$

となり，また，起電力 e から右にみたインピーダンスを $\dot{Z}_e$ とすれば

$$\dot{Z}_e=\frac{\dot{E}}{\dot{I}_1}=R_1+j\omega L_1+\frac{\omega^2M^2}{R_2+j\omega L_2} \tag{4·109}$$

となり，右辺第3項は②の回路によるインピーダンスの増加分を表わしている．

4·11 変 圧 器

変圧器 (transformer) とは，相互インダクタンスを利用して電圧を変換するものである．一般に鉄心を有しており，2つのコイルの電源側を1次コイル (primary coil)，負荷側を2次コイル (secondary coil) という．その1つの形を第4·40図に示す．

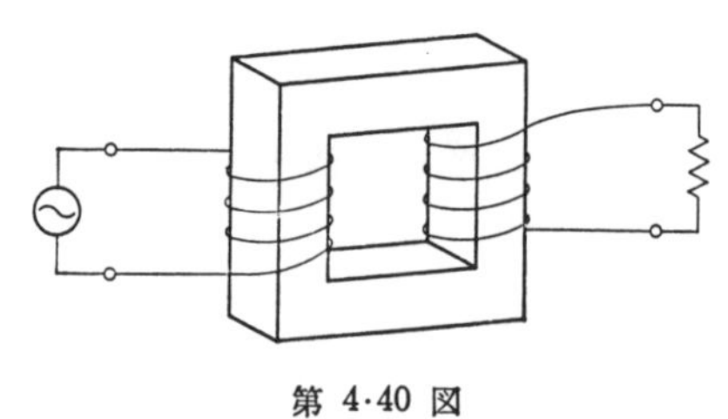

第 4·40 図

理想変圧器　まず，理想的な変圧器 (ideal transformer) について述

べる．これは各コイルの抵抗が零，インダクタンスは無限大，両コイルの結合係数が1であるような変圧器である．今第4·41図のように，1次側の電圧を $\dot{E}_1$ とし，2次側の負荷抵抗 R に生じた電圧を $\dot{E}_2$ とすると，式（4·108）で

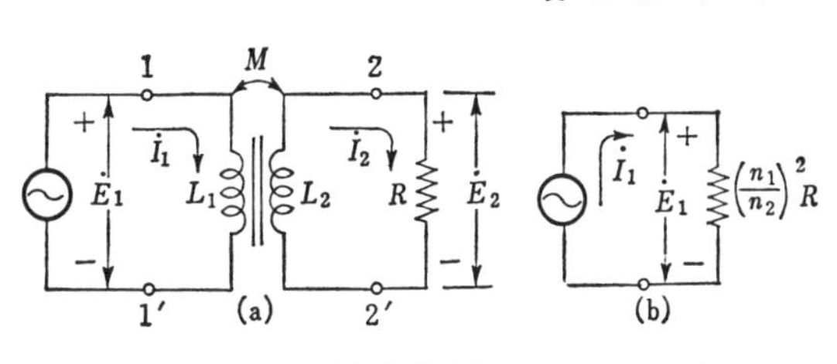

第 4·41 図

$$\dot{E}=\dot{E}_1,\quad R_1=0,\quad R_2=R \tag{4·110}$$

として

$$\dot{E}_2=\dot{I}_2R=\frac{-j\omega MR\dot{E}_1}{\omega^2M^2-\omega^2L_1L_2+j\omega L_1R} \tag{4·111}$$

となる．今，結合係数は1としているから，式（3·58）から

$$M=\pm\sqrt{L_1L_2} \tag{4·112}$$

となるが，各電流は実際に流れる方向をその正方向にとれば，レンツの法則から M は負になり，さらに，L_1 および L_2 の各コイルの巻数をそれぞれ n_1 および n_2 とし，式（3·56）を考慮すれば

$$\frac{\dot{E}_2}{\dot{E}_1}=\frac{M}{-L_1}=\sqrt{\frac{L_2}{L_1}}=\frac{n_2}{n_1} \tag{4·113}$$

となって，変圧器の1次と2次の電圧比は巻数比に等しいことがわかる．次に，電流比は式（4·107）および（4·108）に上述の各条件を入れれば

$$\frac{\dot{I}_2}{\dot{I}_1}=-\frac{M}{L_2}=\sqrt{\frac{L_1}{L_2}}=\frac{n_1}{n_2} \tag{4·114}$$

となり，電圧比とは逆の関係になる．もちろん，2次回路を開放して $I_2=0$ とすれば $I_1=0$ となる．また，上の2つの式から，理想変圧器は電力を消費しないことを示すことができる．（交流電力は式（4·139）に示す）．

1次側からみたインピーダンス $\dot{Z}_e$ は式（4·113）および（4·114）から

$$\dot{Z}_e=\frac{\dot{E}_1}{\dot{I}_1}=\frac{\dot{E}_1}{\dot{E}_2}\cdot\frac{\dot{I}_2}{\dot{I}_1}\cdot\frac{\dot{E}_2}{\dot{I}_2}=\left(\frac{n_1}{n_2}\right)^2R \tag{4·115}$$

となり，この2次側につないだ抵抗は，1次側からみれば，その$(n_1/n_2)^2$倍の抵抗に等しくなることを示している．

変圧器の上に述べたいろいろな特性は各方面に利用されている．例えば，電力の送配電系統では，変圧器が電圧を変えうることを利用して，高電圧にして送電し，受ける方でこれを低電圧に変えて電力を使用する．また高電圧を測るのに，変圧器の低電圧側に電圧計を接続し，これの読みから高電圧側の電圧を知ることもある．大電流を測る場合も，変圧器で小さくした電流の測定値から，もとの電流を知ることもある．また，電源から最も多くの電力を取出すためには，2·9 で述べたように，負荷の抵抗を調節して，電源の内部抵抗に等しくしなければならないが，負荷はそのままでも，これと電源との間に適当な巻数比の変圧器を入れれば，式(4·115)の関係で，電源から見れば負荷抵抗を変えて適当な値にしたことになり，目的が達せられる．電気通信機器では，このような意味で変圧器が用いられることが多い．

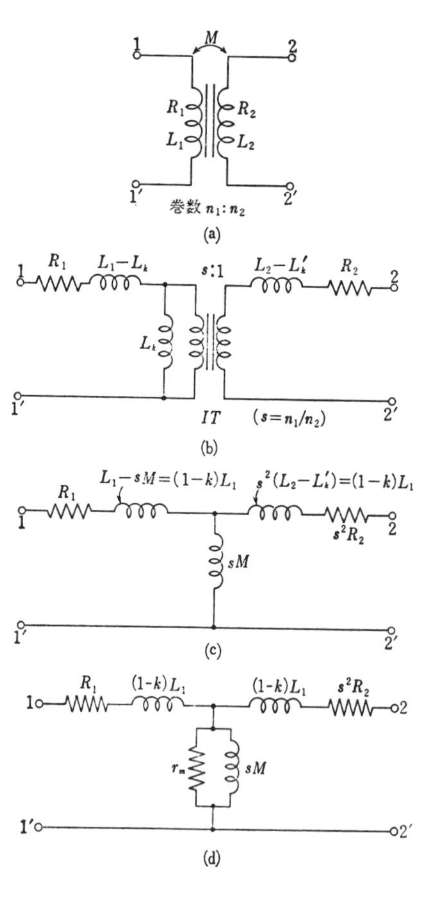

第 4·42 図

実際の変圧器の等価回路 実際のものでは，前述の理想変圧器とは多少違ってくる．この違いは，結合係数が1より小さいこと，いいかえれば，漏洩磁束 (leakage magnetic flux) があること，各コイルのインダクタンスが無限に大きくはないこと，コイルに抵抗があること，鉄心に損失があること等である．

今，ひとまず鉄心の損失がない場合を考えて，変圧器の等価回路を求めてみる．式(4·107) からわかるように，コイルのインダクタンスが有限であることは，2次回路を開放した時も，1次回路の電流が零とならないことである．これを考えて，第 4·42 図（a）のような変圧器の等価回路を，まず漏洩インダクタンス L_k および L_k' を用いて（b）のように書いてみる．

同図で，IT は巻数比 $s:1$（ただし $s=n_1/n_2$）の理想変圧器のことである．ここで（a）と（b）とが等しいことをいえばよい．まず（b）の端子 2—2′ を開放した時，端子 1—1′ から右に見たインピーダンスが (a) の場合に等しいことはすぐわかる．次に，(a)では端子 1—1′ から 1[A] の電流を流した時，開放した端子 2—2′ には$-j\omega M$ [V] なる電圧が生ずるが，（b）では 1—1′ に 1[A] の電流を流した時，電流は全部 L_k を流れ，L_k に $j\omega L_k$[V] の電圧降下が生ずる．これが比 s で変圧されて 2—2′ では $j\omega L_k/s$[V] となる．従って

$$\frac{L_k}{s}=-M \tag{4·116}$$

とすればよい．また，式 (4·115) からわかるように，1次側の L_k の代りに，2次側に L_k/s^2 なるインダクタンスをつけても変る所はないから，1—1′ 開放の時 2—2′ から見たインピーダンスは

$$R_2+j\omega(L_2-L_k'+L_k/s^2)$$

となり，これが（a）の $R_2+j\omega L_2$ に等しくなければならないことから

$$L_k'=L_k/s^2=-M/s \tag{4·117}$$

となることがわかる．これで（b）の等価回路が定まったが，これの2次側の L_2-L_k' および R_2 を1次側に移すと，それぞれ $s^2(L_2-L_k')$ および s^2R_2 となり，上式と $s^2=(n_1/n_2)^2=L_1/L_2$ および式 (3·58) を考えれば，$s^2(L_2-L_k')=(1-k)L_1$ となつて（c）のようになる．ただし，k は結合係数である．

今までは鉄心の損失は考えていなかったが，鉄心にはヒステリシス損，その他の損失がある．これは2次回路を開放してもなくならないので，これを表わすために，（d）図のように sM に並列に r_m なる抵抗を加える．結局，（d）図が変圧器の完全な等価回路になる．ただし，ここで注意しなければならないのは，回路の各量は1次側に換算してあるのであるから，例えば，これで得られた 2—2′ を通って流れる電流は s 倍，この端子間の電圧は $1/s$ 倍しなければ，実際の2次側の値にならないことである．

4·12 一般の交流回路の解法

交流におけるキルヒホッフの法則　一般の直流回路の電圧および

電流はキルヒホッフの法則によって定まっていることは前に述べたが，交流回路の場合も同様な法則が成り立つ．交流におけるキルヒホッフの法則とは次に示すものである．

第 1 法 則： 第 4·43 図（a）のような結合点から流出する電流は

$$\dot{I}_1+\dot{I}_2+\cdots\cdots+\dot{I}_n=0 \quad (4\cdot118)$$

となる．

第 2 法 則： 同図（b）のような網目の起電力および電圧降下は

$$\dot{E}_1+\dot{E}_2+\cdots\cdots+\dot{E}_n=\dot{I}_1\dot{Z}_1+\dot{I}_2\dot{Z}_2+\cdots\cdots+\dot{I}_n\dot{Z}_n \quad (4\cdot119)$$

となる．ただし

- $\dot{I}_1, \dot{I}_2, \cdots\cdots$ は各枝の複素電流で，正の向きは図の矢印の向き
- $\dot{E}_1, \dot{E}_2, \cdots\cdots$ は各枝の複素起電力で，正の向きは図示の通り
- $\dot{Z}_1, \dot{Z}_2, \cdots\cdots$ は各枝のインピーダンス

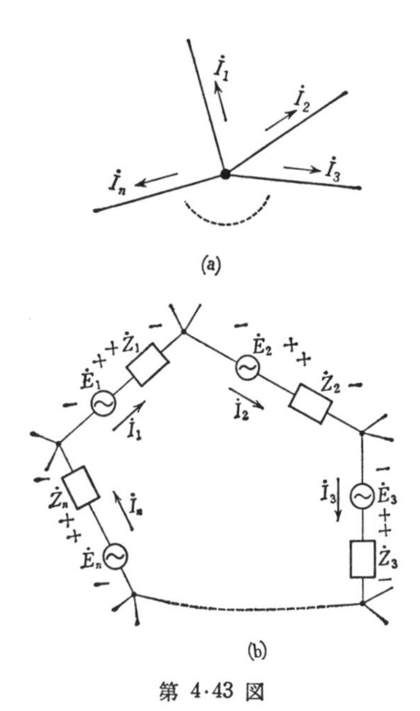

第 4·43 図

なお，ここにのべた複素電圧，起電力および電流の正の向きとは，それらに対応する正弦波電圧，起電力および電流についての正の向きのことである．

この法則が正しいことは，4·7 に述べたことからわかるであろう．

ここでのべた法則は複素数であることを除けば，形式的には直流の場合のキルヒホッフの法則と全く同じ形をしていることから，交流回路も，形式的には直流の場合と全く同じ形の式でとけることがわかる．ただし，この場合の各式は複素数についての式であるから，それぞれは，実数部分のみの式と虚数部分のみの式の 2 つの式，ないしは，絶

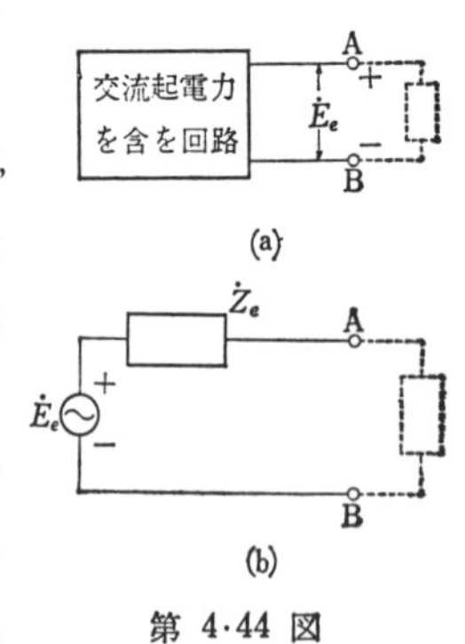

第 4·44 図

対値のみの式と偏角のみの式の2つの式を意味している点が異なるのである.

重畳の原理 交流回路の複素電圧および電流についても，直流の場合と同様な形の重畳の原理が成立する.

テブナンの定理 これも，直流の場合の抵抗の代りにインピーダンスを考えれば，複素電圧および電流について，直流の場合と同様な形の定理が成り立つ．すなわち，第 4·44 図 (a) に示すような任意の2つの端子 A–B の電圧および電流については，同図 (b) のような等価回路で表わしてよい．ただし，(b) の $\dot{E}_e$ は (a) の A–B に何もつながない時のこの間の複素電圧，$\dot{Z}_e$ は (a) の起電力を全部零にした後，A–B から見たインピーダンスである．この定理も直流の場合と同じような方法で証明されることはわかるであろう.

4·13 交流ブリッジ回路その他

キルヒホッフの法則やテブナンの定理を使う例題を 2，3 掲げる.

(i) アンダーソン・ブリッジ

第 4·45 図に示すブリッジ回路について，平衡条件を求めてみる．ただし，図の―⊖―は起電力 $\dot{V}_0$ の電源，―Ⓣ―は検出器 (detector) を意味する．図で，まずC点の電位を零電位とすると，A の電位は $\dot{V}_0$ となる．従って，未知数として，B, D およびEの各点の電位 $\dot{V}_B$，$\dot{V}_D$，

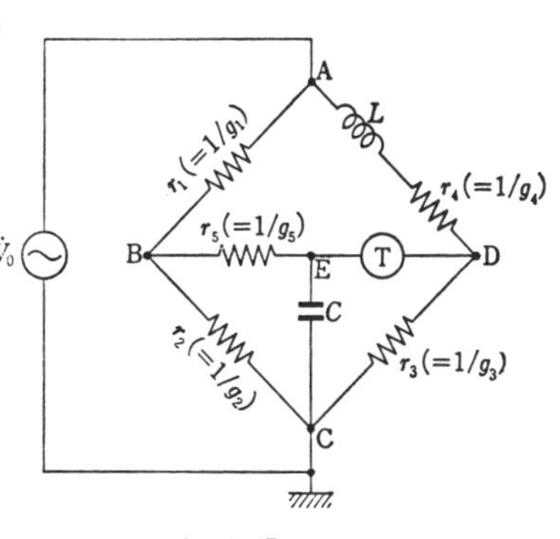

第 4·45 図

および $\dot{V}_E$ をとり，検出器を外して考えれば，直流の場合と全く同様にして，次の節点方程式が得られる.

B点： $$\dot{V}_B(g_1+g_2+g_5)-\dot{V}_E g_5-\dot{V}_0 g_1=0 \quad (4·120)$$

D点： $$\dot{V}_D\left(g_3+\frac{1}{\frac{1}{g_4}+j\omega L}\right)-\dot{V}_0\frac{1}{\frac{1}{g_4}+j\omega L}=0 \quad (4·121)$$

E点：　$-\dot{V}_B g_5 \qquad\qquad \dot{V}_E(g_5+j\omega C)=0$ 　(4·122)

式 (4·120) と (4·122) から

$$\dot{V}_E=\frac{g_1 g_5 \dot{V}_0}{(g_1+g_2+g_5)(g_5+j\omega C)-g_5^2} \qquad (4\cdot123)$$

また，(4·121) から

$$\dot{V}_D=\frac{\dot{V}_0}{1+g_3\left(\dfrac{1}{g_4}+j\omega L\right)} \qquad (4\cdot124)$$

となり，ブリッジの平衡とは $\dot{V}_E=\dot{V}_D$ となることであるから，この両式から

$$g_1 g_5\left\{1+g_3\left(\frac{1}{g_4}+j\omega L\right)\right\}=g_5(g_1+g_2+j\omega C)+j\omega C(g_1+g_2) \qquad (4\cdot125)$$

が得られる．この式から実数部と虚数部を分ければ

$$g_1 g_3=g_2 g_4 \qquad (4\cdot126)$$

および

$$L=C\frac{g_1+g_2+g_5}{g_1 g_3 g_5} \qquad (4\cdot127)$$

となり，これらが求める平衡条件である．このブリッジは自己インダクタンスの測定に用いられる．

(ii)　ウイーン・ブリッジ

この形のブリッジは，ホイートストン・ブリッジと同じ形であるから，その平衡条件は，直流の場合の式(2·38)の各抵抗を各辺のインピーダンスと考えたものになる．従って，第 4·46 図から平衡条件は

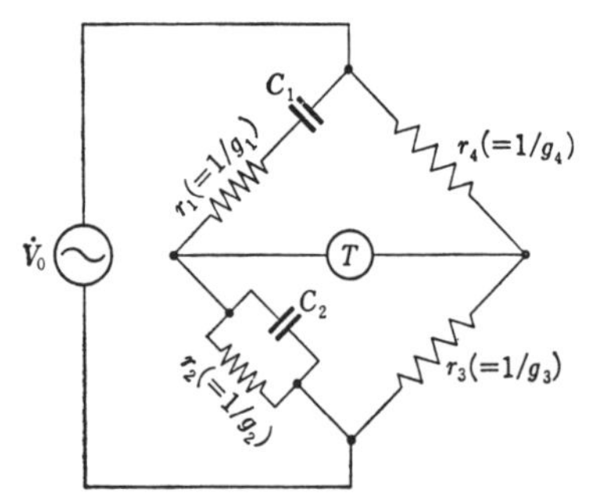

第 4·46 図

$$\left(r_1+\frac{1}{j\omega C_1}\right)r_3=\frac{r_4}{\dfrac{1}{r_2}+j\omega C_2} \qquad (4\cdot128)$$

となり，実数部と虚数部を分けて

$$\frac{C_2}{C_1}=\frac{r_4}{r_3}-\frac{r_1}{r_2} \qquad (4\cdot129)$$

および

$$\omega^2=\frac{1}{C_1C_2r_1r_2} \qquad (4\cdot130)$$

が得られる．このブリッジは静電容量の測定や周波数の測定に用いられる．

(iii) 容量分圧電圧計回路

図の $\dot{Z}_x$ に加わる電圧 $\dot{V}_x$ を求めてみる．これにはテブナンの定理を用いる方が簡単である．まず，$\dot{Z}_x$ を流れる $\dot{I}_x$ を求めることを考える．$\dot{Z}_x$ につながる導線を切り，その両側を A, A' とすれば，A–A' 間の電圧 $\dot{V}_1$ は C_2 の両端の電圧に等しく

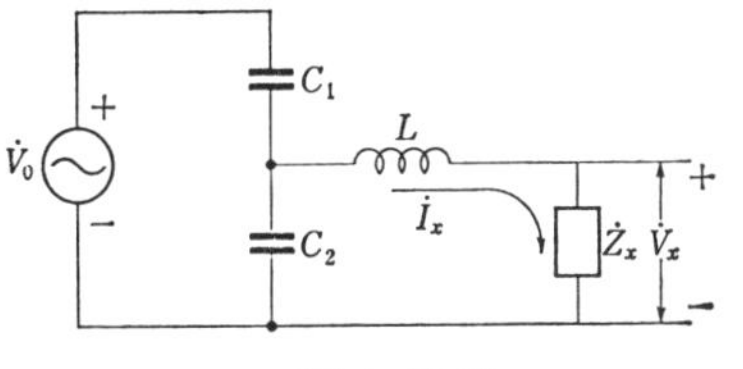

第 4·47 図

$$\dot{V}_1=\frac{C_1}{C_1+C_2}\dot{V}_0 \qquad (4\cdot131)$$

となり，$\dot{V}_0=0$ として，A–A' からみたインピーダンス $\dot{Z}_e$ は

$$\dot{Z}_e=\dot{Z}_x+j\omega L+\frac{1}{j\omega(C_1+C_2)} \qquad (4\cdot132)$$

となる．テブナンの定理によれば，$\dot{I}_x=\dot{V}_1/\dot{Z}_e$ となるから

$$\dot{V}_x=\dot{I}_x\dot{Z}_x=\frac{\dot{V}_1}{\dot{Z}_e}\dot{Z}_x \qquad (4\cdot133)$$

$$=\frac{\dfrac{C_1}{C_1+C_2}\dot{V}_0\dot{Z}_x}{\dot{Z}_x+j\omega L+\dfrac{1}{j\omega(C_1+C_2)}} \qquad (4\cdot139)$$

となり，ここで $\omega^2L(C_1+C_2)=1$ のようにしたとすると

$$\dot{V}_x=\frac{C_1}{C_1+C_2}\dot{V}_0 \qquad (4\cdot135)$$

となる．$\dot{Z}_x$ を電圧計のインピーダンスとし，この電圧計で $\dot{V}_x$ を測るとすれば，この方法で電源の電圧 $\dot{V}_0$ を $\dot{Z}_x$ に無関係に分圧して測ることができる．

4·14 交流電力

交流電力 インピーダンスで消費される電力については，式(2·57)のよ

うな，直流の場合の電力の式の抵抗をインピーダンスで置きかえるだけではいけない．静電容量やインダクタンスは実は電力を消費しないのである．そこで，交流電力がどのような形で表わされるかを調べてみよう．

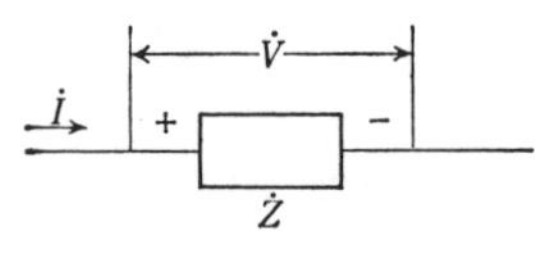

第 4·48 図

第 4·48 図に示すように，インピーダンス$\dot{Z}$に電流$\dot{I}$が流れている時，$\dot{Z}$に加わる電圧を$\dot{V}$とすると，

$$\dot{V}=\dot{I}\dot{Z}$$

であるが，$\arg\dot{Z}=\varphi$ とすると，上の式から，$\dot{V}$の位相は$\dot{I}$の位相よりφだけ進んでいることがわかる．従って今，これらの電流および電圧を瞬時値で表わせば，4·5 に述べたことから

$$\left.\begin{aligned} i&=\sqrt{2}\,I\sin\omega t \\ v&=\sqrt{2}\,V\sin(\omega t+\varphi) \end{aligned}\right\} \qquad (4\cdot136)$$

となる．従って 2·9 で述べたことから，この場合の瞬時電力pは

$$p=vi=2\,VI\sin\omega t\sin(\omega t+\varphi) \qquad (4\cdot137)$$

となる．ここでpの時間変化を図示してみれば，第 4·49 図（a）のようになり，pには負の部分が出てくる．インピーダンスがインダクタンスだけでできている時は，$\varphi=\pi/2$ となるが，この時は（b）のようになり，pの負と正の部分の面積は等しくなることが図からわかる．静電容量の場合は $\varphi=-\pi/2$ だから，やはり（b）と同様に，pの正負の面積は等しい．pの意味は電源からこのインピーダンスに，これだけの電力を送りこむということであるから，pが負になるということは，電源にこれだけの電力が送り返されることであり，前記のインダクタンスや静電容量の場合は，電力は電源から出

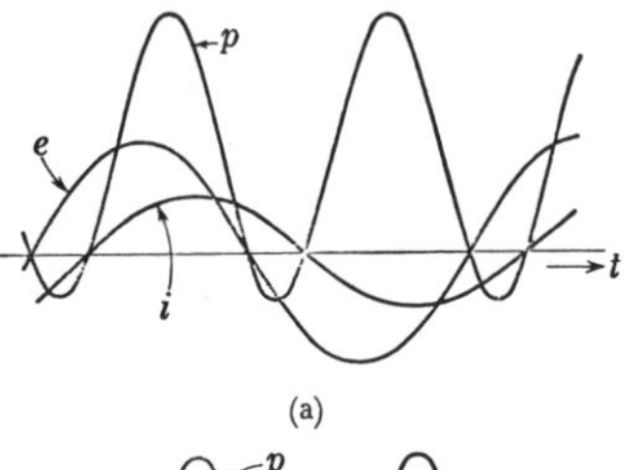

(a)

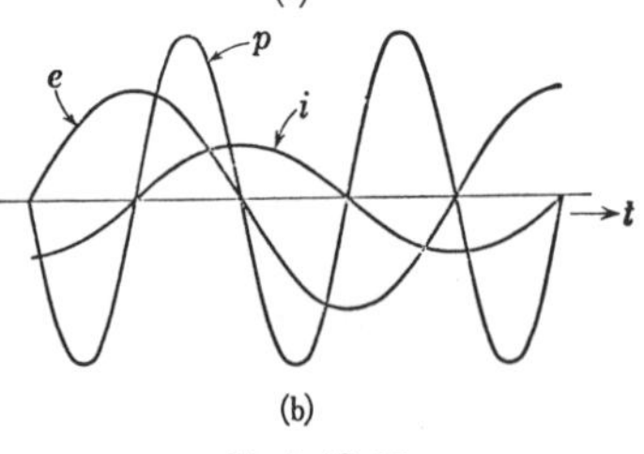

(b)

第 4·49 図

たり入ったりしており，結局，平均すれば電源は全く電力を出していないことになる．このように，交流の場合は電力の流れが時間的に変化するが，これを1周期（T）の間平均して，平均電力$\bar{p}$を考えれば，これが正味の消費される電力になるわけである．式（4・137）から$\bar{p}$を計算すれば

$$\bar{p}=\frac{1}{T}\int_0^T vidt=VI\frac{1}{T}\int_0^T\{\cos\varphi-\cos(2\omega t+\varphi)\}dt$$

$$=VI\cos\varphi \qquad (4\cdot138)$$

となる．インピーダンスが抵抗の時は $\varphi=0$ であるから，$\bar{p}=VI$ となり，これは直流の時の電力の式と同じ形である．ところで，交流回路では，V, I 等は式 (4・6) で定義した実効値をとる約束であったが，実は，電力の式を直流の場合と同じ形にするためにこのようにしたのである．

次に，$\bar{p}$を$\dot{V}$および$\dot{I}$で表わすには

$$\bar{p}=\mathrm{Real}(\dot{V}\dot{I}^*)=\mathrm{Real}(\dot{Z}\dot{I}\dot{I}^*)=I^2\,\mathrm{Real}(\dot{Z}) \qquad (4\cdot139)$$

とすればよい．ここで，Real は実数部分だけをとることを意味する．また＊印は複素共役を表わす．この式が正しいことは，一般に

$$\dot{V}=V\varepsilon^{j\varphi_V},\qquad \dot{I}=I\varepsilon^{j\varphi_I}$$

とすれば，$\varphi=\varphi_V-\varphi_I$ だから

$$\dot{V}\dot{I}^*=VI\varepsilon^{j(\varphi_V-\varphi_I)}=VI\varepsilon^{j\varphi}$$

$$=VI(\cos\varphi+j\sin\varphi) \qquad (4\cdot140)$$

となり，これの実数部をとれば

$$\mathrm{Real}(\dot{V}\dot{I}^*)=VI\cos\varphi=\bar{p}$$

となるからである．

力率，皮相電力および無効電力 交流回路では，電力は VI ではなく，式 (4・138) のようになるのであるが，VI のことを皮相電力 (apparent power) とよぶことがある．また，式(4・140)の右辺第2項 $VI\sin\varphi$ は，電力とは関係のないものであるが，これを無効電力 (wattless power) とよぶ．これらの間のベクトル関係は式 (4・140) から第 4・50 図のようになることがわかる．式(4・138)の $\cos\varphi$ を力率(power factor)といい，これは電力を皮

相電力で割ったものに等しい．電力を使用する機器の力率が小さくなると，

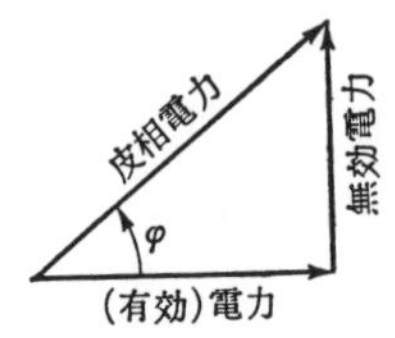

第 4·50 図

これに電力を送る送電線は必要以上に大きい皮相電力を送らなければならないことがわかる．従ってこの場合，必要以上の電流が発電機，送電線，変圧器等を流れ，導線の抵抗による電力損失が多くなり，電源側はむだな電力を送らなければならない．この為，電力を使用する側の力率が重要視されるのである．なお，皮相電力の単位にはボルト・アンペア（VA）を用い，無効電力にはバール（Var）を用いる．

交流電源出力最大条件　直流の場合については，すでに 2·9 の中で同様のことをのべたが，交流の場合について求めてみる．交流回路をテブナンの定理の等価回路に書き，第 4·51 図に示すように，これを起電力 $\dot{E}$ と内部インピーダンス $\dot{Z}_1=R_1+jX_1$ の直列とし，

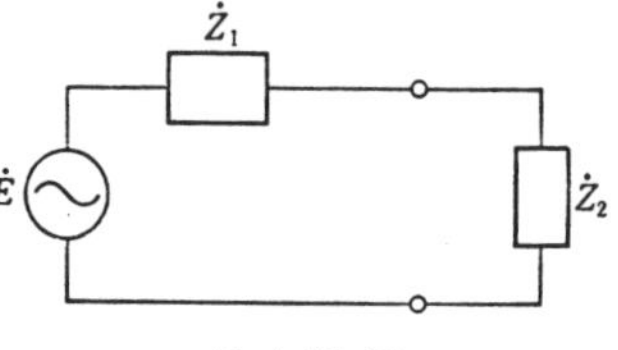

第 4·51 図

これにつなぐインピーダンスを $Z_2=R_2+jX_2$ とする．この電源から出て $\dot{Z}_2$ で消費される電力を P とすれば，式 (4·139) から

$$P=\left|\frac{\dot{E}}{\dot{Z}_1+\dot{Z}_2}\right|^2\mathrm{Real}(\dot{Z}_2)$$

$$=\frac{R_2E^2}{(R_1+R_2)^2+(X_1+X_2)^2} \tag{4·141}$$

となり，今，X_2 だけを変えるとすれば P が最大になるのは

$$X_2=-X_1 \tag{4·142}$$

の場合である．この時 P は

$$P=\frac{R_2E^2}{(R_1+R_2)^2}$$

となるが，次に R_2 を変えれば，これは

$$R_2=R_1 \tag{4·143}$$

の時最大値 $E^2/(4R_1)$ になることはすでに述べた．結局，求める最大条件は式 (4·142) と式 (4·143) で表わされることがわかる．この 2 つの式をいっしょ

にすれば $Z_2=Z_1{}^*$ となる．与えられた電源に対して $\dot{Z}_2$ をこのように選ぶことをインピーダンス整合（impedance matching）とよぶ．整合に変圧器を用いれば都合がよいことはすでに述べた．

4·15　3 相交流

3 相交流　これまで述べてきた交流回路は，これから述べる多相回路（poly phase circuit）に対して，単相回路（single phase circuit）と呼ばれる．大電力の発電，送電および負荷には，現在，ほとんど多相回路の1つである3相回路（3 phase circuit）が用いられている．3相回路とは次のようなものである．

第 4·52 図（a）に示す3つの単相回路の起電力（電流）をそれぞれ $\dot{E}_A(\dot{I}_A)$, $\dot{E}_B(\dot{I}_B)$ および $\dot{E}_C(\dot{I}_C)$ とし，これらは大きさが等しく，位相は次々に 120° づつ遅れ，同図（b）のようになっているとする．この3つの単相回路のそれぞれの導線の一方をいっしょにして，同図（c）のようにしたものを3相回路という．この場合も各相の電圧ベクトルの関係は同図（b）と同じであることはいうまでもない．なお，各相の位相や大きさが異なって，同図（b）の

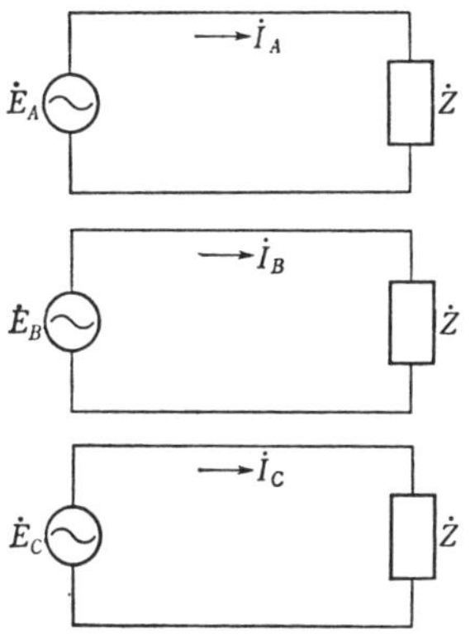

(a)

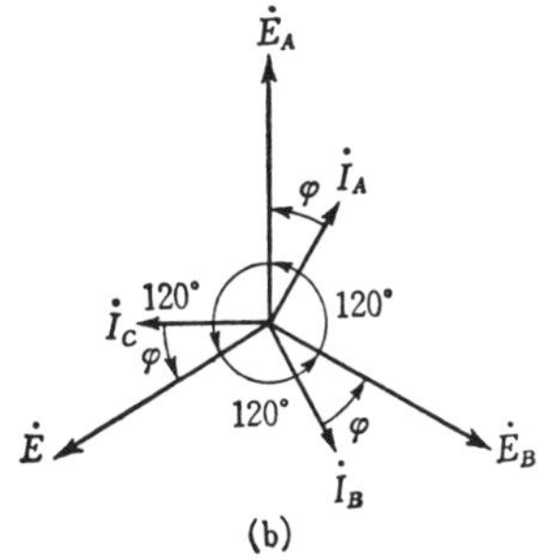

(b)

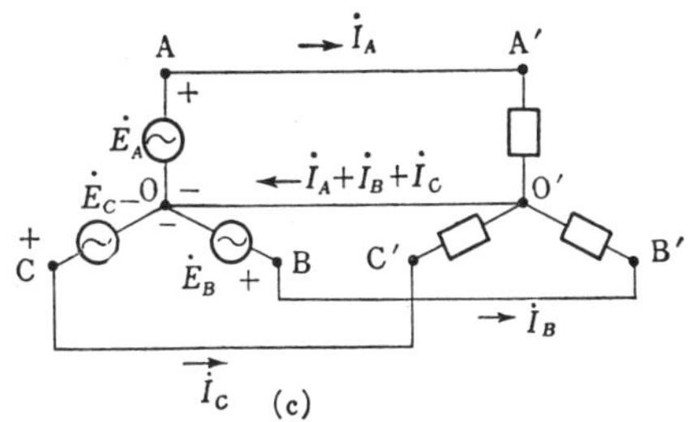

(c)

第 4·52 図

ベクトル関係から外れたものを不平衡3相回路というが．これに対して，前記のものを平衡3相回路という．ここでは平衡3相系だけについてのべることにする．この場合の各相の電圧を瞬時値で書けば

$$\left.\begin{aligned} e_A &= \sqrt{2}\,E_A \sin\omega t \\ e_B &= \sqrt{2}\,E_B \sin(\omega t - 2\pi/3) \\ e_C &= \sqrt{2}\,E_C \sin(\omega t - 4\pi/3) \end{aligned}\right\} \qquad (4\cdot144)$$

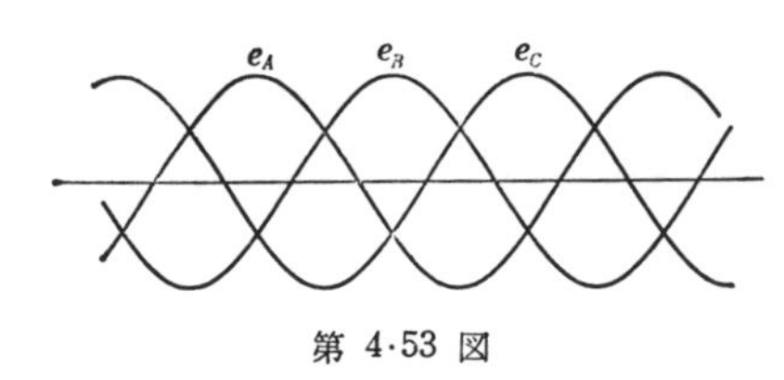

第 4·53 図

となり，これらの波形の関係は第4·53 図のようになる．3相電圧は発電機や発振器で発生することができる．3相の発電機の原理図を第 4·54 図に示す．図では互に120° ずつ離した3つのコイルがいっしょに磁界中を回転する．各コイルの発生電圧は正弦波単相であるが，各々の電圧は電気的位相が 120° ずつずれることがわかる．3相起電力はこの3つのコイルを第 4·55 図(a)のようにつなげば得られる．また，同図(b)のようにつないでも得られるが，前の場合と各端子間の電圧の大きさが異なる．(a)の結線はY結線（Y connection）または星形結線(star connection), (b)をΔ結線(delta connection）または環状結線（ring connection)という．なお，3相発電機，電動機等は第 4·54 図からもわかるように，単相の場合より空間の利用率がよいため，同じ出力のものが小型にできるという利点がある．

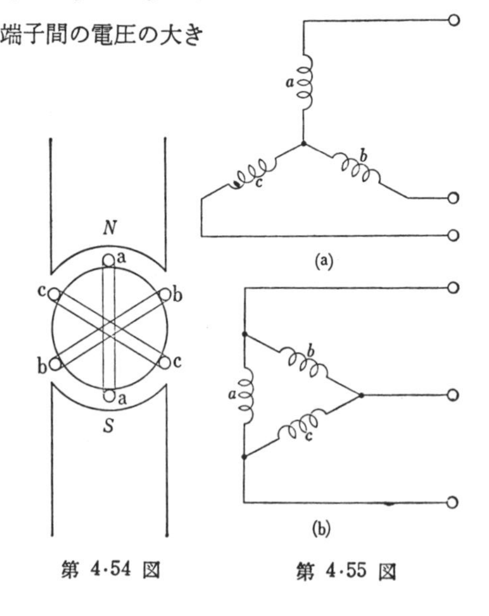

第 4·54 図　　第 4·55 図

3 相電圧　第 4·52 図（c）でOを中性点（neutral point）といい，O と A, B およびCとの間の電圧，それぞれ $\dot{E}_A$, $\dot{E}_B$ および $\dot{E}_C$ を相電圧 (phase voltage) または星形電圧 (star voltage) とよび，AB 間，BC 間および CA 間の電圧 $\dot{E}_{BA}$, $\dot{E}_{CB}$ および $\dot{E}_{AC}$ を線間電圧 (line voltage) または環状電圧 (ring voltage) とよぶ．これらの電圧のベクトル関係は $\dot{E}_{BA}=\dot{E}_B-\dot{E}_A$ 等となることから，第 4·56 図のようになる．従って，同図から

$$E_l=\sqrt{3}\,E_p \qquad (4\cdot145)$$

を得る．ただし，$E_l=E_{BA}=E_{CB}=E_{AC}$, $E_p=E_A=E_B=E_C$．また この時，$\dot{E}_A$ と $\dot{E}_{AC}$ の位相差は 30° になることも図からわかる．

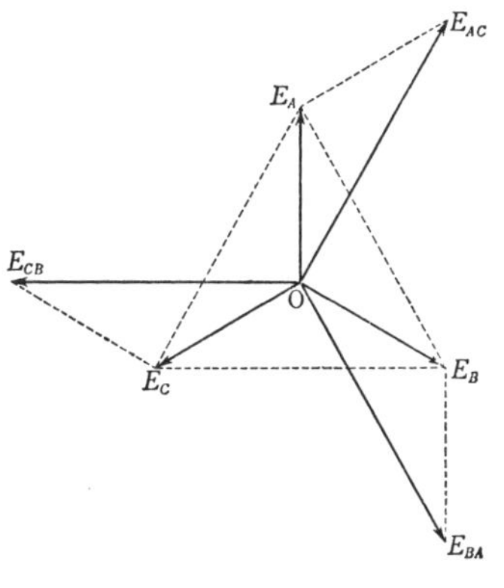

第 4·56 図

3 相電流　各相に等しいインピーダンス $\dot{Z}$ がつながれている時の各相の電流 $\dot{I}_A$, $\dot{I}_B$ および $\dot{I}_C$ は

$$\dot{I}_A=\frac{\dot{E}_A}{\dot{Z}}, \qquad \dot{I}_B=\frac{\dot{E}_B}{\dot{Z}}, \qquad \dot{I}_C=\frac{\dot{E}_C}{\dot{Z}} \qquad (4\cdot146)$$

となる．従って，第 4·52 図（c）に示す中性点 OO′ を結ぶ線を流れる電流 $\dot{I}_n$ は

$$\dot{I}_n=\frac{\dot{E}_A+\dot{E}_B+\dot{E}_C}{\dot{Z}} \qquad (4\cdot147)$$

となる．ところで相電圧は 120°（$=2\pi/3$ [rad]）ずつ位相がずれているのであるから

$$\left.\begin{aligned}\dot{E}_A&=E_A\\ \dot{E}_B&=E_B\varepsilon^{-j\frac{2\pi}{3}}=E_B\left(\cos\frac{2\pi}{3}-j\sin\frac{2\pi}{3}\right)\\ \dot{E}_C&=E_C\varepsilon^{-j\frac{4\pi}{3}}=E_C\left(\cos\frac{4\pi}{3}-j\sin\frac{4\pi}{3}\right)\end{aligned}\right\} \qquad (4\cdot148)$$

のように表わすことができ

$$\dot{E}_A+\dot{E}_B+\dot{E}_C=0 \tag{4·149}$$

となり，結局

$$\dot{I}_n=0 \tag{4·150}$$

となることがわかる．従って，中性点を結ぶ線は除いてよいことになる．

3 相電力　この場合の全電力は各相の電力の和となることはいうまでもない．相電圧の大きさを E_p，相電流の大きさを I_p，その間の位相差を φ として，電力の瞬時値を求めてみれば

$$\begin{aligned} p&=2E_pI_p\{\sin\omega t\sin(\omega t+\varphi)+\sin(\omega t+2\pi/3)\sin(\omega t+\varphi+2\pi/3)\\ &\quad+\sin(\omega t+4\pi/3)\sin(\omega t+\varphi+4\pi/3)\}\\ &=E_pI_p\{3\cos\varphi-\cos(2\omega t+\varphi)-\cos(2\omega t+\varphi+4\pi/3)\\ &\qquad\qquad-\cos(2\omega t+\varphi+8\pi/3)\}\\ &=3E_pI_p\cos\varphi \end{aligned} \tag{4·151}$$

のようになり，これは時間によらない一定値である．つまり単相のときのような電力の脈動がない．これは3相回路の大きな特徴である．電力に脈動がある場合は発電機，モータ等は軸に加わるトルクが脈動して振動を起すからである．

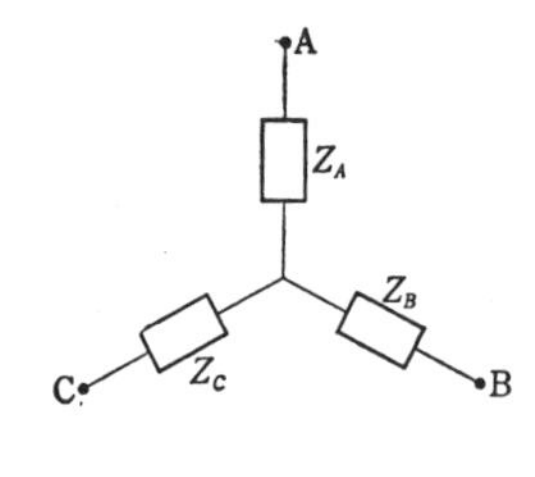

(a)

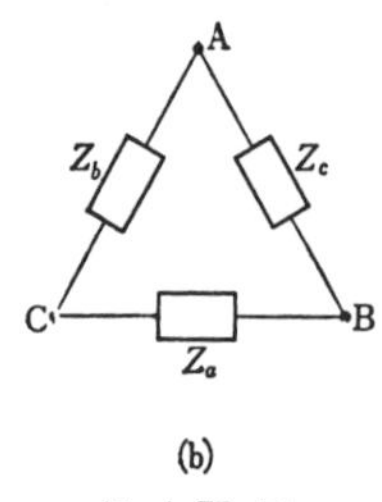

(b)

第 4·57 図

Y-Δ 変換　3相の場合の負荷の接続は第4·57図(a)に示すY結線と，(b)に示すΔ結線の2通りがあるが，これの一方は他方で書きかえることができる．今，同図の(a)と(b)とが全く等価であるとした時の各インピーダンスの間の関係を求めてみる．まず，AB端子からインピーダンスを測り，(a)と(b)とが等しいとして式を求め，端子を A→B→C→Aと次々にずらして同様なことを行なえば

$$\left.\begin{aligned}\dot{Z}_A+\dot{Z}_B&=\frac{1}{\dfrac{1}{\dot{Z}_c}+\dfrac{1}{\dot{Z}_a+\dot{Z}_b}}=\frac{(\dot{Z}_a+\dot{Z}_b)\dot{Z}_c}{\dot{Z}_a+\dot{Z}_b+\dot{Z}_c}\\\dot{Z}_B+\dot{Z}_C&=\frac{(\dot{Z}_b+\dot{Z}_c)\dot{Z}_a}{\dot{Z}_a+\dot{Z}_b+\dot{Z}_c}\\\dot{Z}_C+\dot{Z}_A&=\frac{(\dot{Z}_c+\dot{Z}_a)\dot{Z}_b}{\dot{Z}_a+\dot{Z}_b+\dot{Z}_c}\end{aligned}\right\}\quad(4\cdot152)$$

となり，これらの式から

$$\left.\begin{aligned}\dot{Z}_A&=\frac{\dot{Z}_b\dot{Z}_c}{\dot{Z}_a+\dot{Z}_b+\dot{Z}_c}\\\dot{Z}_B&=\frac{\dot{Z}_c\dot{Z}_a}{\dot{Z}_a+\dot{Z}_b+\dot{Z}_c}\\\dot{Z}_C&=\frac{\dot{Z}_a\dot{Z}_b}{\dot{Z}_a+\dot{Z}_b+\dot{Z}_c}\end{aligned}\right\}\quad(4\cdot153)$$

を得る．また，式 (4·152) を $\dot{Z}_a, \dot{Z}_b$ および $\dot{Z}_c$ について解いて

$$\left.\begin{aligned}\dot{Z}_a&=\frac{\dot{Z}_A\dot{Z}_B+\dot{Z}_B\dot{Z}_C+\dot{Z}_C\dot{Z}_A}{\dot{Z}_A}\\\dot{Z}_b&=\frac{\dot{Z}_A\dot{Z}_B+\dot{Z}_B\dot{Z}_C+\dot{Z}_C\dot{Z}_A}{\dot{Z}_B}\\\dot{Z}_c&=\frac{\dot{Z}_A\dot{Z}_B+\dot{Z}_B\dot{Z}_C+\dot{Z}_C\dot{Z}_A}{\dot{Z}_C}\end{aligned}\right\}\quad(4\cdot154)$$

を得る．平衡負荷の場合は，$\dot{Z}_A=\dot{Z}_B=\dot{Z}_C=\dot{Z}_Y$，$\dot{Z}_a=\dot{Z}_b=\dot{Z}_c=\dot{Z}_\Delta$ とすれば式 (4·154) から

$$\dot{Z}_Y=\frac{1}{3}\dot{Z}_\Delta \quad(4\cdot155)$$

となる．以上の変換は3相の問題をとくのに利用される．

4·16 ひずみ波交流

ひずみ波交流 今まで電圧や電流の波形は完全な正弦波であるとしてきたが，実際の電源ではそうでない場合がある．正弦波でない交流をひずみ波

交流(distorted wave alternating current)という．これは例えば，第 4·58 図に示すように，ひずんだ波が一定時間毎に繰返えされるものである．このような波形は，周波数と振幅が異なる多くの正弦波の重ね合わせと考えることができる．

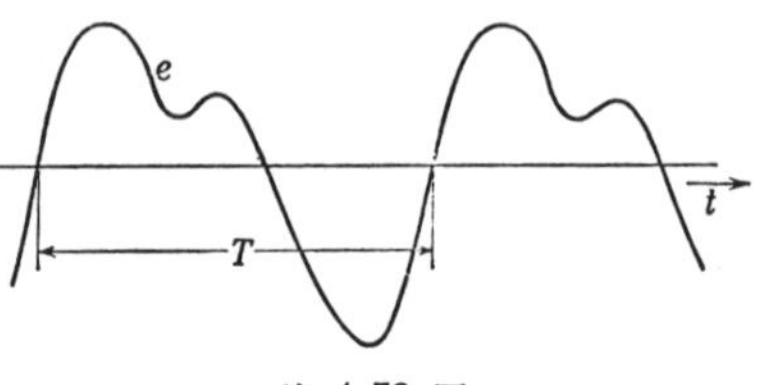

第 4·58 図

これはフーリエ級数 (Fourier series) と呼ばれるものである．任意のひずみ波 $e(t)$ をフーリエ級数に展開すれば

$$e(t)=E_0+E_{m1}\sin(\omega t+\varphi_1)+E_{m2}\sin(2\omega t+\varphi_2)+\cdots\cdots$$

$$\cdots\cdots+E_{mn}\sin(n\omega t+\varphi_n) \qquad (4\cdot156)$$

となる．

高 調 波 前式右辺の第 1 項は ωt に無関係であり，これは直流分を表わすことがわかる．第 2 項は角周波数 ω の波で，この周期はひずみ波の周期に等しい．これを基本波 (fundamental wave) とよぶ．第 3 項以降は 2ω, 3ω, ……の角周波数の波で，これらを高調波 (higher harmonics) といい，それぞれは第 2 高調波 (2nd harmonic)，第 3 高調波 (3rd harmonic)，……という．E_{m1}, E_{m2}, …… はそれぞれの成分の波の振幅，φ_1, φ_2, ……は各波の位相を示す．式 (4·156) はまた

$$e(t)=E_0+F_{m1}\sin\omega t+F_{m2}\sin 2\omega t+\cdots\cdots$$

$$\cdots\cdots+F_{mn}\sin n\omega t$$

$$+G_{m1}\cos\omega t+G_{m2}\cos 2\omega t+\cdots\cdots$$

$$\cdots\cdots+G_{mn}\cos n\omega t \qquad (4\cdot157)$$

のように書き直すことができる．ここで，第 4·59 図 (a) のような

$$e(t)=-e(-t)$$

となる波は前式で sin の項だけしかもたな

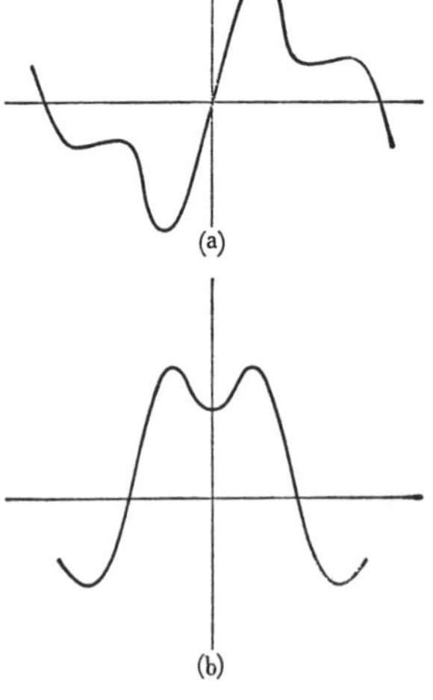

第 4·59 図

いことがわかる．また，同図（b）のように

$$e(t)=e(-t)$$

となる波は cos の項だけしかないことがわかる．さらに，第4·60図のように

$$e(t)=-e\left(t-\frac{\pi}{\omega}\right)=-e\left(t+\frac{\pi}{\omega}\right)$$

となる波は奇数次の高調波だけで偶数次をもたないこともわかる．

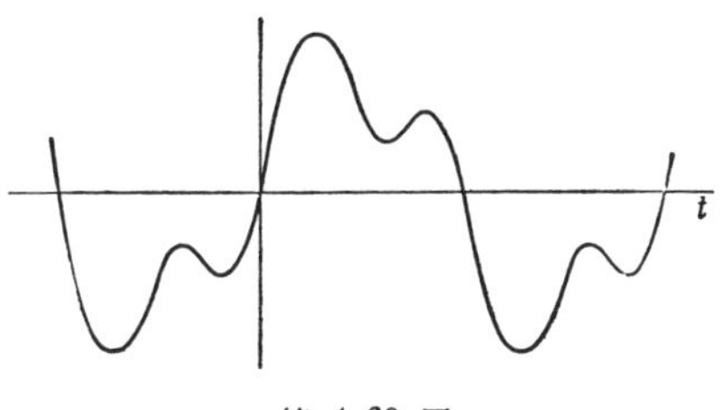

第 4·60 図

フーリエ解析 $e(t)$ から E_0, F_{mr}, G_{mr} 等を求めるには次の式を用いればよい．

$$\left.\begin{aligned}E_0&=\frac{1}{T}\int_{-T/2}^{T/2}e(t)dt\\F_{mr}&=\frac{2}{T}\int_{-T/2}^{T/2}e(t)\sin r\omega t dt\\G_{mr}&=\frac{2}{T}\int_{-T/2}^{T/2}e(t)\cos r\omega t dt\end{aligned}\right\}\qquad(4\cdot158)$$

ただし，Tは周期（$=1/f$）である．このような係数を求めることをフーリエ解析（Fourier analysis）という．第 4·61 図に示す方形波と，第 4·62 図に示す三角波をフーリエ級数で表わせば

$$\text{方形波}\quad e(t)=\frac{4}{\pi}E_m\left(\sin\omega t+\frac{1}{3}\sin 3\omega t+\frac{1}{5}\sin 5\omega t+\cdots\cdots\right)\qquad(4\cdot159)$$

$$\text{三角波}\quad e(t)=\frac{8}{\pi^2}E_m\left(\sin\omega t-\frac{1}{3^2}\sin 3\omega t+\frac{1}{5^2}\sin 5\omega t-\cdots\cdots\right)\qquad(4\cdot160)$$

となる．ひずみ波の電源をもつ回路の問題をとくには，まず，この波をフーリエ解析して，各成分に対する解を重ね合わせればよい．

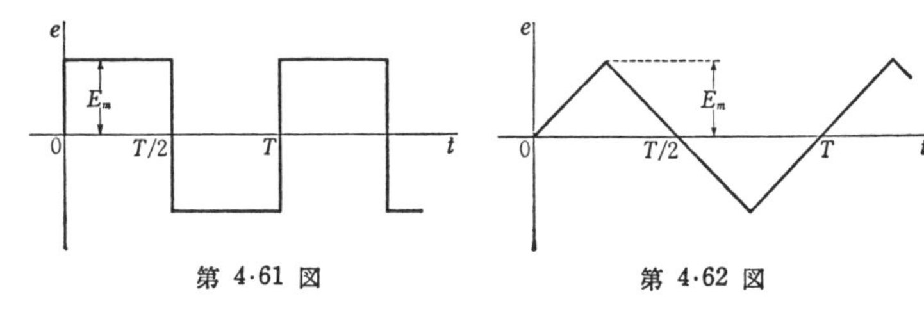

第 4·61 図　　第 4·62 図

ひずみ波の電力は各周波数成分の電力の和になる．ひずみ波の電圧と電流は同じ周波数成分をもち，これから電力を計算すれば，異なった周波数成分の間の電圧電流の積は平均操作で零になるからである．

4·17 過渡現象

過渡現象　今まで回路の所で述べてきたことは，電源を加えて長時間たって現象が定常になった後の状態についてであったが，ここでは，それ以前の変りつづける状態について述べる．この間の現象を過渡現象（transient phenomena）とよぶ．この状態を求めるには，各素子について，**4·3** で述べた電圧 $v(t)$ と電流 $i(t)$ の時間変化の関係を示す各式

$$\left.\begin{array}{ll} \text{抵抗} & v(t)=Ri(t) \\ \text{インダクタンス} & v(t)=L\dfrac{di(t)}{dt} \\ \text{静電容量} & v(t)=\dfrac{1}{C}\displaystyle\int i(t)\,dt \end{array}\right\} \tag{4·161}$$

を用い，微分方程式を作ってこれをとく．次に例題によってこれを示す．

（i） *L-R* 直列回路に直流電圧を加える場合

第 4·63 図に示す回路で，初め電流が零であるとし，$t=0$ でスイッチ S を閉じた後の電流 $i(t)$ を求める．

第 4·63 図

i が次の微分方程式で表わされることは式（4·161）からわかる．

$$L\frac{di}{dt}+Ri=E \tag{4·162}$$

これを解くのに，まず

$$L\frac{di}{dt}+Ri=0 \tag{4·163}$$

の解を求めれば

$$i=A\varepsilon^{-\frac{t}{\tau}} \tag{4·164}$$

のような形になる．ただし，Aは定数で

$$\tau=\frac{L}{R} \tag{4·165}$$

である．従って，式 (4·162) の解は

$$i=A\varepsilon^{-\frac{t}{\tau}}+B \tag{4·166}$$

のような形で表わされるが，これを式 (4·162) に代入すれば

$$B=\frac{E}{R} \tag{4·167}$$

が得られる．Aは次の初期条件(initial condition)で求まる．ところで，$t=0$ というのはスイッチが入った直後のことであり，スイッチの入る直前は電流が零であったのであるから，もし，$t=0$ で電流が零でないとすれば，その間 di/dt は無限に大きくなければならない．これは初めの方程式を満足しない．従って，$t=0$ で $i=0$ でなければならない．式 (4·166) でこの初期条件を考えれば

$$A+B=0 \tag{4·168}$$

となり，これらの式から

$$i=\frac{E}{R}\left(1-\varepsilon^{-\frac{t}{\tau}}\right) \tag{4·169}$$

を得る．これが求める解である．この曲線の形は第 4·64 図のようになる．

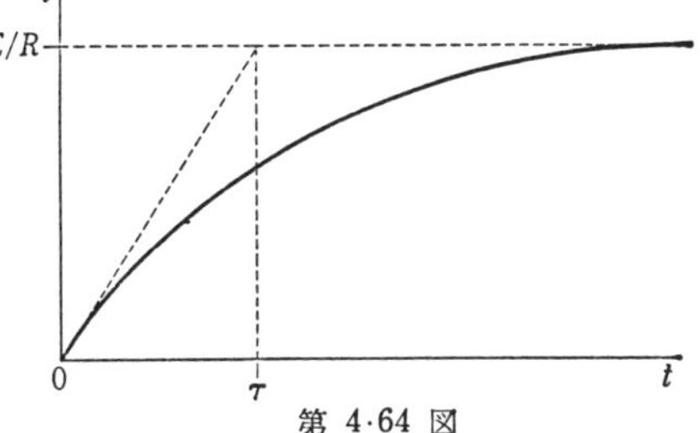

第 4·64 図

ここで，上式からわかるように，τはiとその最終値との差が最終値の $1/\varepsilon$ になる時間である．これはiの変化する時間の目安になる．これを時定数という．

(ii) C-R 直列回路に直流電圧を加える場合

第 4·65 図の回路の過渡電流を求める．コンデンサに蓄えられる電荷を $Q(t)$ とすれば $i=\frac{dQ}{dt}$ であるから

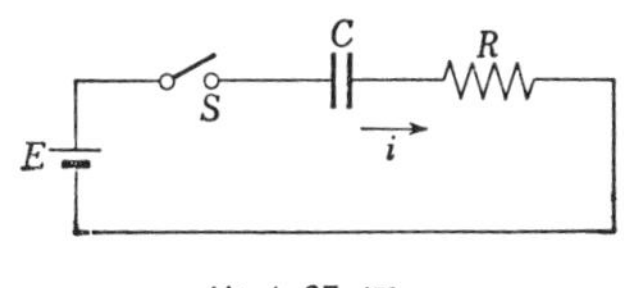

第 4·65 図

$$R\frac{dQ}{dt}+\frac{Q}{C}=E \tag{4·170}$$

となり，これは式(4·162)と同じ形である．従って今スイッチを入れる前は $Q=0$ とすれば，同じ形の解

$$Q=CE(1-\varepsilon^{-\frac{t}{\tau}}) \quad (4\cdot171)$$

ただし

$$\tau=CR \quad (4\cdot172)$$

を得る．これから i は

$$i=\frac{E}{R}\varepsilon^{-\frac{t}{\tau}} \quad (4\cdot173)$$

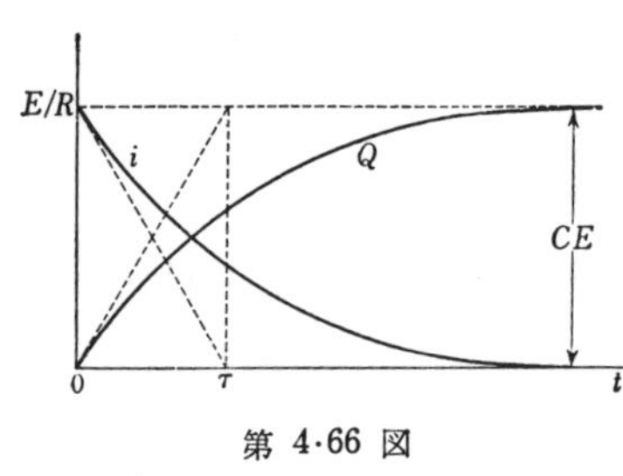

第 4·66 図

となる．この曲線は第 4·66 図に示す．上式の τ も前述と同じ意味の時定数である．

次に，この回路が微分回路(differentiating circuit) または積分回路 (integrating circuit) として用いられることについて述べる．今，第 4·67 図（a）に示すように，変化する電圧 $v(t)$ を加え，R に生ずる電圧 $v_R(t)$ を求めてみる．ただし，この場合 $v(t)$ の時間変化はそれ程速くなく，τ は非常に小さいとして，式(4·170) 左辺第1項すなわち v_R は第2項すなわち C にかかる電圧 $v_C(t)$ に比べて無視できるとすれば，$Q \fallingdotseq Cv$ となり

$$v_R=R\frac{dQ}{dt}\fallingdotseq\tau\frac{dv}{dt} \quad (4\cdot174)$$

を得る．これで入力電圧 $v(t)$ の微分波形が得られるので，微分回路と呼ばれている．

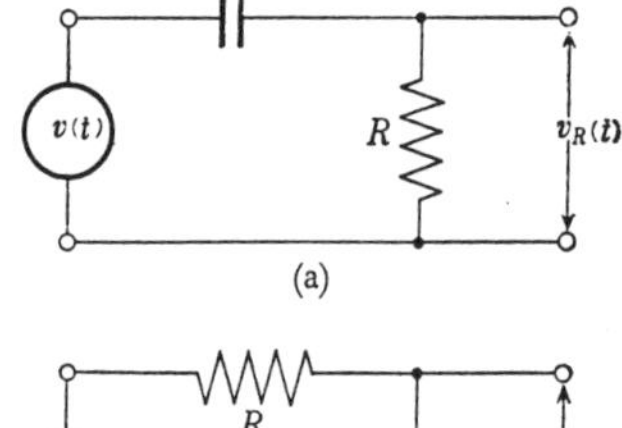

(a)

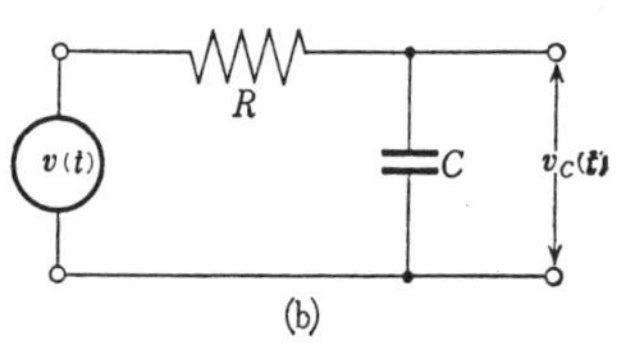

(b)

第 4·67 図

次に，上述とは反対に $v(t)$ の時間変化がそれ程遅くなく，τ が非常に大きい場合は $R\frac{dQ}{dt}\fallingdotseq v$ となり

$$v_C=\frac{Q}{C}\fallingdotseq\frac{1}{\tau}\int vdt \quad (4\cdot175)$$

を得る．この場合，第 4·67 図（b）のようにつないで $v_C(t)$ をとり出せば，$v(t)$ の積分波形が得られるわけである．この回路は積分回路と呼ばれる．

微積分回路は L–R でも原理的にはできるが，C–R が用いられることが多い．このような回路は自動制御(automatic control) の回路の一部や，その外測定量の演算を要する場合等に用いられている．

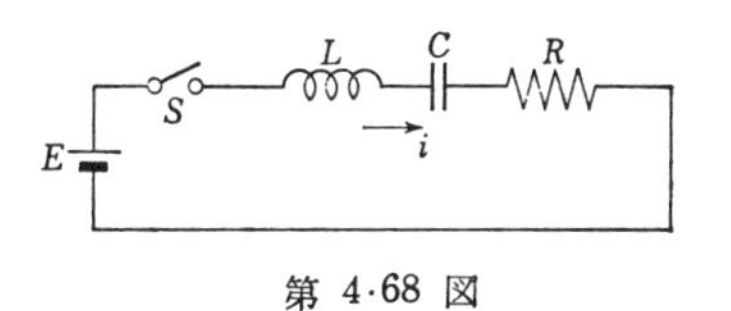

第 4·68 図

(iii) L–C–R 直列回路に直流電圧を加える場合

第 4·68 図の回路では

$$L\frac{d^2Q}{dt^2}+R\frac{dQ}{dt}+\frac{Q}{C}=E \tag{4·176}$$

なる式が成立つが，上式右辺を零とする方程式の解は

$$Q=A\varepsilon^{-\alpha t}+B\varepsilon^{-\beta t} \tag{4·177}$$

ただし

$$\left.\begin{matrix}-\alpha\\-\beta\end{matrix}\right\}=\frac{-R\pm\sqrt{R^2-4\dfrac{L}{C}}}{2L} \tag{4·178}$$

の形となり，式 (4·176) の解は式 (4·177) にさらに CE を加えたものになることは，これをもとの式に代入してみればわかる． これに $t=0$ で $Q=0$ および $i=0$ なる初期条件を入れれば，これらの定数は決まり，結局

$$\begin{aligned} i&=\frac{\alpha\beta}{\beta-\alpha}CE(\varepsilon^{-\alpha t}-\varepsilon^{-\beta t})\\ &=\frac{E}{\sqrt{R^2-4\dfrac{L}{C}}}\varepsilon^{-at}(\varepsilon^{bt}-\varepsilon^{-bt}) \end{aligned} \tag{4·179}$$

ただし　　$a=\dfrac{R}{2L}$,　$b=\sqrt{\left(\dfrac{R}{2L}\right)^2-\dfrac{1}{LC}}$

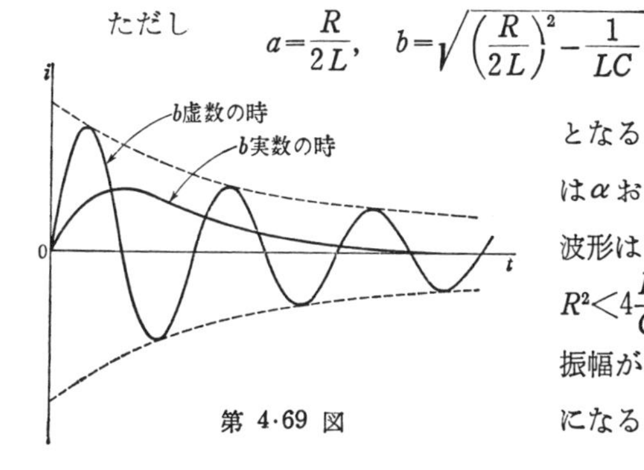

第 4·69 図

となる．従って，$R^2>4\dfrac{L}{C}$ の時は α および β は実数となり，i の波形は１つの極大をつくるが，$R^2<4\dfrac{L}{C}$ の時は b が虚数となり，振幅が段々に減少する正弦波振動になる．この様子を図で示すと第

4·69 図のようになる．

(iv)　*L*–*R* 直列回路に交流電圧を加える場合

第 4·70 図のように正弦波交流電圧 $e(t)$ を急に加える場合を考えよう．

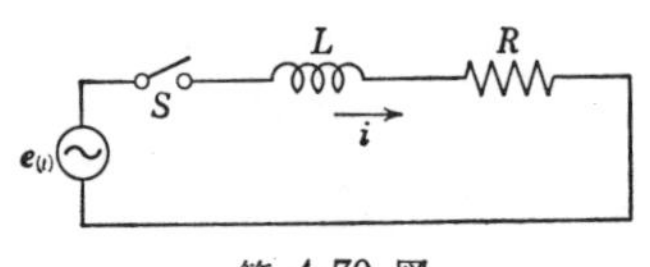

第 4·70 図

前にも述べたように，十分長い時間がたてば，電流は $e(t)$ から一定の位相だけ遅れた正弦波になるのであるが，このような電流すなわち定常電流だけでは，$t=0$ で $i=0$ という初期条件を満足することはできない．過渡状態の間は，このような定常電流に過渡電流が重なって初期条件を満足するのである．この場合の過渡電流は，式 (4·162) から第 4·64 図のようになり，結局，これらをいっしょにして初期条件を満足するようにすれば，第 4·71 図のような結果が得られる．

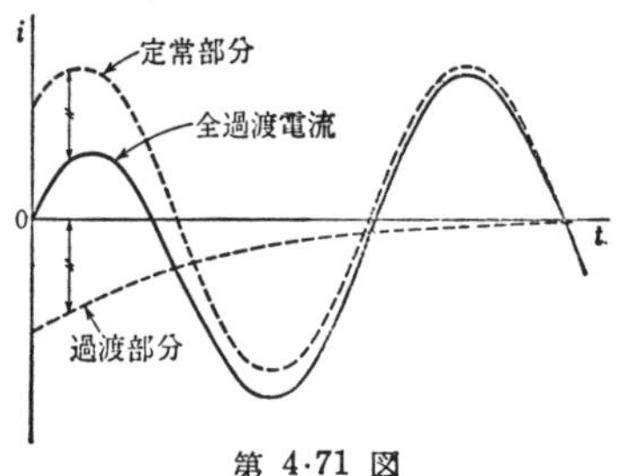

第 4·71 図

いま，加える起電力 $e(t)$ を $E_m \sin(wt+\theta)$ とした時の解を式で示せば

$$i=I_m \sin(wt+\theta-\varphi)-I_m \sin(\theta-\varphi)\,\varepsilon^{-\frac{R}{L}t} \qquad (4\cdot180)$$

ただし

$$I_m=\frac{E_m}{\sqrt{R^2+w^2L^2}}, \qquad \varphi=\tan^{-1}\frac{wL}{R} \qquad (4\cdot181)$$

となる．式 (4·180) 右辺第 1 項は定常交流を，第 2 項は過渡電流を表わしているのである．これを求めるには，まず，この問題の微分方程式は

$$L\frac{di}{dt}+Ri=E_m \sin(wt+\theta) \qquad (4\cdot182)$$

であり，解の定常部分が $\sin(wt+\theta')$ の形で，過渡部分が式 (4·166) の形をしていることがわかるから，これを式 (4·182) に代入し，更に初期条件を考慮に入れて，その常数を決めればよいのである．

第5章 電磁界

5·1 電磁波

これまで考えてきた電界や磁界等は，これの源となる導体の電位や導体を流れる電流が変れば，これと同時に変ると考えてきた．いいかえれば，これらの電位や電流が正弦波交流で変る場合，電界や磁界は全くこれと同位相の正弦波になるとしてきた．ところが，この交流の周波数が高くなったり，源から遠い距離の所を考える場合は，位相が変ってくる．このような電界磁界はいわゆる電磁波（electromagnetic wave）とよばれるもので，これは空間を伝播していくものである．ここでまず，電源につながった導体から，どのようにして電磁波ができていくかを，概念的に説明してみよう．

第 5·1 図（a）のように発振器（高周波交流の電源）に2本の導体を上下につければ，これに電流が流れる．このことは次のように説明される．2本の導線の間には電位差があるため電界ができ，従って，誘電束が生ずる．電源は交流であるため誘電束も時間的に変化し，導線表面の電荷密度が変化するが，これを補うため導体には電流が流れる．今2本の導線は同じ長さであるとし，発振器の周波数を適当に選んで，導線の端の電圧の振幅が他所にくらべて最大になるようにした場合について考える．上の導線の端の電

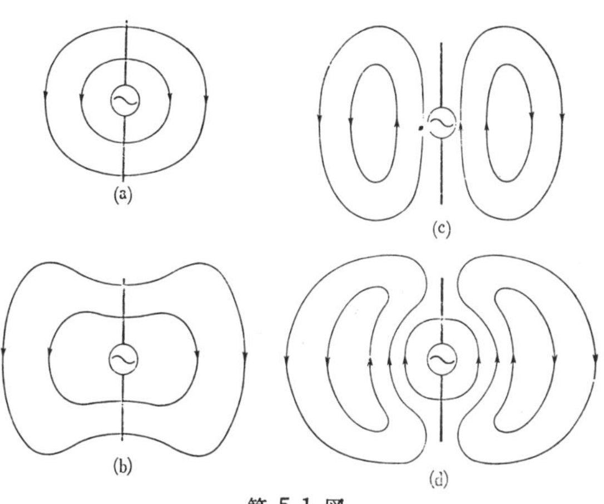

第 5·1 図

圧が正の最大値，下の導線の端が負の最大値を示す時の近くの電界は第 5·1 図（a）のようになる．次に，時間がたってこの電圧が減少してくると，電界は急になくなることができないで，そのままとり残されて外側に押し出され，（b）図のようになる．さらに電圧が減って全く零になると，（c）図のように電界はループになってしまう．次に，下の導線の方が正の電圧となると，附近には前と逆方向の電界が生じ，前の電界のループは押されて（d）図のようになる．結局，このようにして次々にループができていく．ところで，導線には電流が流れているので，磁界ができ，この磁界も電界といっしょに押されて動いていく．この電界磁界を図示すれば，第 5·2 図のようになり，電界磁界の波はこの形のまま動いていくのである．この波の 1 周期の空間的長さを波長といい，波長を λ，波の速度を v，周波数を f とすれば

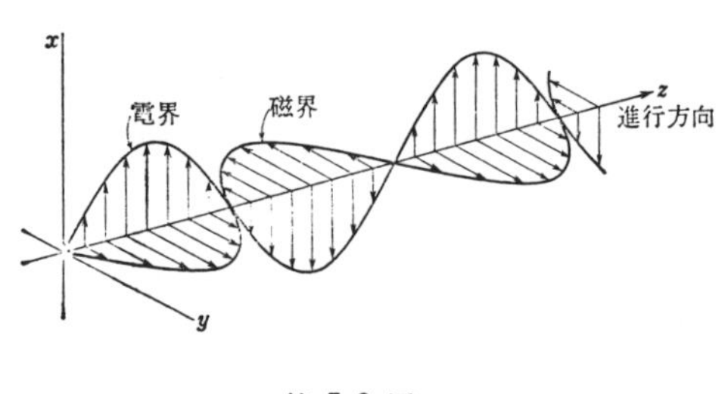

第 5·2 図

$$v=f\lambda \qquad (5\cdot1)$$

という関係がある．この速度は真空中で 299800 [km/sec] である．これは空気中でも殆んど変らない．なお，光は電磁波の一種で，第 5·2 図に示したような，電界や磁界が一定方向を向いているような光は偏光 (polarized light) とよばれるものである．光の速度は上記の電磁波の速度に等しい．

5·2 電磁界の方程式

前節に述べたようなことは，実は，今までに述べたことから得られる方程式の解として厳密に求められる．まずこの方程式を求めてみる．

式 (3·13) は電流とそれによって生ずる磁界との間の関係を示しているが，この場合，電流としては導体中を流れるものだけを考えていた．しかし交流になれば，電流は静電容量を通じても流れるとしてよいことは，4·3 に述べたことからわかるであろう．この電流は $\dfrac{\partial Q}{\partial t}$ (Qは電荷) で表わされるが，これは実は，導体中を流れるものと同じ働きをもつとしてよい．これは変位電流 (displacement current) とよばれる．従って，

このような電流まで含めれば，式 (3・13) は

$$\oint H_s ds = I + \frac{\partial Q}{\partial t} \tag{5・2}$$

のように書きかえられる．ただし，H_s は磁界の ds の方向の成分である．次に，磁束鎖交数とこれによる起電力の関係は式 (3・68) に示したが，この式の V は電流回路の全起電力であり，これは回路の各部の電界を E とすれば，$\oint E_s ds$(E_s は電界の方向の成分）と書ける．また今の場合，回路の巻数を1回とすれば，式 (3・68) は

$$\oint E_s ds = -\frac{\partial \phi}{\partial t} \tag{5・3}$$

となる．ただし ϕ は左辺の積分路に鎖交する磁束である．今までに述べた電界や磁界の問題は，結局この2つの式のいずれか一方か両方を使えば解けるのであり，この2つが電磁界を規定する方程式である．これらの式の形は積分形であるが，電磁界の問題を解く場合は微分形が使われることが多い．次に，この微分形を求めてみる．

式 (5・2) の電流は，実は，方向をもっているのであるから，まず，その Z 成分を求めてみる．この為に，左辺の積分の路を $x-y$ 面内にとれば，電流の x 成分および y 成分はこれに鎖交しないので，右辺は z 成分だけとしてよい．この積分路を第5・3図の OABCO なる微小矩形にとり，$\overline{\mathrm{OA}}=\Delta x$，$\overline{\mathrm{AB}}=\Delta y$ とし，O点の磁界を H とすれば

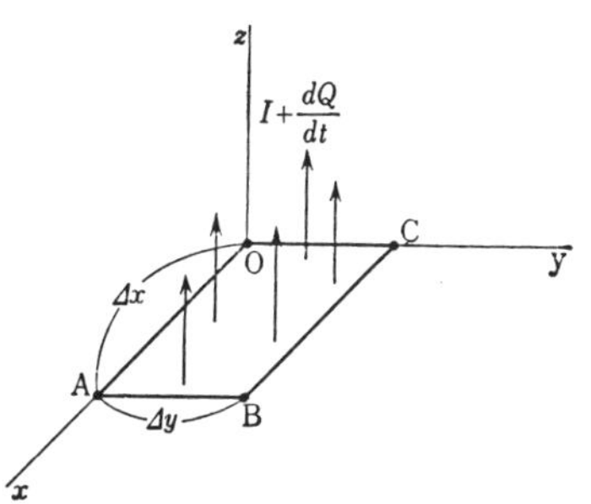

第 5・3 図

$$\left.\begin{aligned}
&\text{OA 間の磁界（O点とA点の平均値）} = \frac{1}{2}\left(H + H + \frac{\partial H}{\partial x}\Delta x\right)\\
&\overline{\mathrm{AB}} \quad 〃 \quad (\text{A} \ 〃 \ \text{B} \quad 〃 \quad) = \frac{1}{2}\left(H + \frac{\partial H}{\partial x}\Delta x + H + \frac{\partial H}{\partial x}\Delta x + \frac{\partial H}{\partial y}\Delta y\right)\\
&\overline{\mathrm{BC}} \quad 〃 \quad (\text{B} \ 〃 \ \text{C} \quad 〃 \quad) = \frac{1}{2}\left(H + \frac{\partial H}{\partial x}\Delta x + \frac{\partial H}{\partial y}\Delta y + H + \frac{\partial H}{\partial y}\Delta y\right)\\
&\overline{\mathrm{CO}} \quad 〃 \quad (\text{C} \ 〃 \ \text{O} \quad 〃 \quad) = \frac{1}{2}\left(H + \frac{\partial H}{\partial y}\Delta y + H\right)
\end{aligned}\right\} \tag{5・4}$$

となり，この積分路では

$$\oint_{\mathrm{OABCO}} H_s ds = \left(H_x + \frac{1}{2}\frac{\partial H_x}{\partial x}\Delta x\right)\Delta x + \left(H_y + \frac{\partial H_y}{\partial x}\Delta x + \frac{1}{2}\frac{\partial H_y}{\partial y}\Delta y\right)\Delta y$$

$$-\left(H_x + \frac{\partial H_x}{\partial y}\Delta y + \frac{1}{2}\frac{\partial H_x}{\partial x}\Delta x\right)\Delta x - \left(H_y + \frac{1}{2}\frac{\partial H_y}{\partial y}\Delta y\right)\Delta y$$

$$=\left(\frac{\partial H_y}{\partial x}-\frac{\partial H_x}{\partial y}\right)\Delta x\Delta y \qquad (5\cdot5)$$

となる．ところで，I の電流密度を i とし，Q の面密度は前に述べた D に等しいことから，$\frac{\partial Q}{\partial t}$ の電流密度を $\frac{\partial D}{\partial t}$ と書けば，式(5·2) および (5·5) から

$$\left.\begin{aligned}&\frac{\partial H_y}{\partial x}-\frac{\partial H_x}{\partial y}=\frac{1}{\Delta x\Delta y}\left(I+\frac{\partial Q}{\partial t}\right)=i_z+\frac{\partial D_z}{\partial t}\\ \text{同様に}\quad&\frac{\partial H_z}{\partial y}-\frac{\partial H_y}{\partial z}=i_x+\frac{\partial D_x}{\partial t}\\&\frac{\partial H_x}{\partial z}-\frac{\partial H_z}{\partial x}=i_y+\frac{\partial D_y}{\partial t}\end{aligned}\right\} \qquad (5\cdot6)$$

が得られる．また，式 (5·3) も同じ形であるから，同様にして

$$\left.\begin{aligned}&\frac{\partial E_y}{\partial x}-\frac{\partial E_x}{\partial y}=-\frac{\partial B_z}{\partial t}\\&\frac{\partial E_z}{\partial y}-\frac{\partial E_y}{\partial z}=-\frac{\partial B_x}{\partial t}\\&\frac{\partial E_x}{\partial z}-\frac{\partial E_z}{\partial x}=-\frac{\partial B_y}{\partial t}\end{aligned}\right\} \qquad (5\cdot7)$$

が得られる．式 (5·6) および (5·7) はマックスウェルの電磁界の基礎方程式 (Maxwell's fundamental equations of electromagnetic field) とよばれる．一様な物質の中の波については，これ等の式と

$$\left.\begin{aligned}&D_x=\varepsilon E_x,\ \ D_y=\varepsilon E_y,\ \ D_z=\varepsilon E_z\\&B_x=\mu H_x,\ \ B_y=\mu H_y,\ \ B_z=\mu H_z\end{aligned}\right\} \qquad (5\cdot8)$$

なる関係を用いれば，式(5·6)と(5·7)から E_x,……，および H_x,……，は与えられた境界条件(boundary condition)について求まることになる．例えば，5·1 で述べたように，空間に放射された波が遠くにいくと，その波の波面（同位相の面）が平面になると考えられるが，このような場合の電磁界は，波面を x-y 面にとれば，$\frac{\partial}{\partial x}$，$\frac{\partial}{\partial y}$ の項は零となり，またここで，絶縁物中の電磁界を問題にするとすれば，式 (5·6) および (5·7) の i_x, i_y および i_z…… は零としてよいから，これらの式は結局，

$$\frac{\partial^2 E_x}{\partial z^2}=\varepsilon\mu\frac{\partial^2 E_x}{\partial t^2},\quad \frac{\partial^2 E_y}{\partial z^2}=\varepsilon\mu\frac{\partial^2 E_y}{\partial t^2}\quad (H\text{についても同形}) \qquad (5\cdot9)$$

となり，x 軸を E の方向にとれば，H は y 軸方向を向き

$$\left.\begin{aligned}&E=E_{0m}\varepsilon^{jk(z-vt)}\\&H=H_{0m}\varepsilon^{jk(z-vt)}\end{aligned}\right\}\ \begin{aligned}&(\text{ここの }\varepsilon\text{ は自然対数の}\\&\text{底，他の }\varepsilon\text{ は誘電率})\end{aligned} \qquad (5\cdot10)$$

ただし

$$\left.\begin{aligned}&k=\omega/v\\&v=1/\sqrt{\varepsilon\mu}\end{aligned}\right\} \qquad (5\cdot11)$$

を得る．E_{0m} と H_{0m} の関係は式 (5・10) を前の基礎方程式に入れて

$$\frac{E_{0m}}{H_{0m}}=\frac{E}{H}=\sqrt{\frac{\mu}{\varepsilon}}$$

となる．

電磁波は電波とも略称し，ラジオ，テレビジョン，レーダー等無線通信に利用されていることは周知であるが，これらの電波の周波数は数十kc から数十万 Mc 程度におよぶ．なお，最近可視光線の範囲で，従来の通信用電波と同様な電磁波を発生し，これを通信に利用することが研究されている．

── 本 文 終 り ──

演習問題

第1章　静電気

1.　どちらも 10^{-10} クーロンの2つ点電荷が，真空中で 1cm はなれて置かれている時，これらの電荷の間に働く力は何ニュートンか．また，これは何 kg-重か（1kg-重とは 1kg の物体に加わる重力）．

（答）　8.99×10^{-7}N，　9.17×10^{-8}kg-重

2.　1直線上に次々にとった3点 A，B およびCに，それぞれ Q_a，Q_b および Q_c の点電荷がおかれている場合，どの電荷にも力が働かない為の各電荷の間の関係を求めよ．ただし，$\overline{AB}=r_1$，$\overline{BC}=r_2$ とし，これらを用いて表わせ．

（答）　$Q_a : Q_b : Q_c = {r_1}^2 : -\left(\dfrac{r_1 r_2}{r_1+r_2}\right)^2 : {r_2}^2$

3.　辺の長さが r [m] の正三角形の 2つの頂点に，（i）それぞれ $+Q$ クーロンおよび $-Q$ クーロンの電荷がある場合，および（ii）どちらにも $+Q$ クーロンの電荷がある場合の2つの場合について，残りの1つの頂点における電界の大きさと方向とを求めよ．

（答）（i）　$\dfrac{Q}{4\pi\varepsilon r^2}$ [V/m]；Q の点から $-Q$ の点に向う方向

（ii）　$\dfrac{\sqrt{3}Q}{4\pi\varepsilon r^2}$ [V/m]；Q の点と他の Q の点を結ぶ線分の垂直2等分線上のQから遠ざかる向き

4.　真空中で，10^{-8} クーロンの点電荷から 10cm はなれた点の電界および電位を求めよ．

（答）　電界 8.99kV/m，電位 899V

5.　直角座標で，(l, l) および $(-l, -l)$ の点に $+Q$ の電荷を，$(l, -l)$

および $(-l, l)$ の点に $-Q$ の電荷をおいた時，各座標軸上の電界の大きさおよび方向を求めよ．

(答) x 軸上：y 方向に

$$\frac{Ql}{2\pi\varepsilon}\left[\{(x+l)^2+l^2\}^{-3/2}-\{(x-l)^2+l^2\}^{-3/2}\right] \quad [\mathrm{V/m}]$$

y 軸上：x 方向に

$$\frac{Ql}{2\pi\varepsilon}\left[\{(y+l)^2+l^2\}^{-3/2}-\{(y-l)^2+l^2\}^{-3/2}\right] \quad [\mathrm{V/m}]$$

6. x 軸上の $x=l/2$ および $x=-l/2$ の点に，それぞれ $+Q$ および $-Q$ クーロンの電荷がある時の付近の電位を求めよ．また，r を原点からの距離とすれば，$r \gg l$ の時は，この電位は $Qlx/(4\pi\varepsilon r^3)$ となることを示せ．

(答) $$\frac{Q}{4\pi\varepsilon}\left\{\frac{1}{\sqrt{\left(x-\dfrac{l}{2}\right)^2+y^2+z^2}}-\frac{1}{\sqrt{\left(x+\dfrac{l}{2}\right)^2+y^2+z^2}}\right\} \quad [\mathrm{V}]$$

7. 次の各電荷の付近の等電位面の形についてのべよ．

(a) 点電荷，(b) 球状電荷（電荷密度一様），(c) 線電荷（電荷の線密度一様），(d) 平面電荷（電荷の面密度一様）

(答) (a) 同心球，例題1-1参照，(b) 同心球 1·9 (ii) 参照，(c) 同軸円筒，1·9 (iii) 参照，(d) 平行平面，例題1-2参照．

8. 真空中の半径 1 cm の導体球に，細い導線をつないで，これに 100 V の電位を加えた時，この球のもつ電荷は何クーロンか．

(答) $111\,\mu\mu\mathrm{C}$

9. 中心間隔が d [m]，半径がそれぞれ a [m] および b [m] の2つの導体球AおよびBがある．AおよびBがそれぞれ Q_A クーロンおよび Q_B クーロンの電荷をもつ時の各々の電位を求めよ．ただし，$d \gg a, b$ とする．

註 Aの電荷による電位と，Bの電荷による電位との和として求めればよい．

(答) A：$\dfrac{1}{4\pi\varepsilon}\left\{\dfrac{Q_A}{a}+\dfrac{Q_B}{d}\right\}$ [V]，B：$\dfrac{1}{4\pi\varepsilon}\left\{\dfrac{Q_B}{b}+\dfrac{Q_A}{d}\right\}$ [V]

10. 面積 $30\,\mathrm{cm}^2$，間隔 3 mm の平行板空気コンデンサの静電容量を求めよ．

(答) 8.86 pF

11. 前問の両極板に 10 V の電位差を与えた時，この電極にたまる電荷を求めよ．また，この時の極板の電荷の面密度を求めよ．

(答) 電荷 88.6 μμC 電荷の面密度 0.0295 $\mu C/m^2$

12. 半径 5 mm，間隔 1 m の 2 本の送電線がある．これの 10 km の間の線間の静電容量を求めよ．

(答) 0.0526 μF

13. 前問の 2 本の線の間に 10 kV の電圧を加えたとすると，電線表面の電界は何 V/m となるか．

(答) 189 kV/m

14. 面積各 $2\,cm^2$ の同形の金属箔と，比誘電率 3，厚さ 0.1 mm の絶縁フィルムとを交互に重ねて，金属箔が 101 枚，絶縁フィルムが 100 枚でコンデンサができている．ただし，コンデンサの一方の端子は金属箔を 1 つ置きにつないだもので，他方は残りの金属箔をつないだものとする．このコンデンサの容量を求めよ．

(答) 0.00531 μF

15. 1 μF，4 μF および 6 μF の 3 つのコンデンサがある．(i) 全部直列につないだ時の静電容量は何 μF か．(ii) この中の 2 つを並列につなぎ，他をそれに直列につないだ 3 通りの場合の静電容量は各何 μF か．

(答) (i) 12/17 μF，(ii) 10/11 μF，28/11 μF，30/11 μF

16. 前問の 3 つのコンデンサを直列にしたものに，170 V の電圧を加えた場合，各コンデンサに加わる電圧を求めよ．また，その電荷は何程か．

(答) 1 μF に 120 V，4 μF に 30 V，6 μF に 20 V，電荷は 120 μC

17. 1 μF のコンデンサを，3 V の電池につないで充電した後切離し，まだ充電していない 4 μF のコンデンサを並列につないだとすると，この場合のコンデンサの端子の電圧は何ボルトになるか．

(答) 0.6 V

18. 前問の操作の各段階の全静電エネルギを求めよ.

(答) 1μF を電池につないだ時：4.5×10^{-6} J,
1μF と 4μF を並列にした時：0.9×10^{-6} J

19. 問題 17 の操作の後, この 1μF のコンデンサを切離して, 再び前と同様に電池で充電した後, 4μF のコンデンサと並列にし, この操作を次々に繰返して, 両者を並列にする回数が最初からn回目の時のこのコンデンサの電圧は何ボルトか.

(答) $3\left\{1-\left(\frac{4}{5}\right)^n\right\}$ V

20. 静電遮蔽の原理について説明せよ.

(答) 1·12 参照

第2章 電　　流

1. 20Ω, 30Ω および 50Ω の3個の抵抗が, 次々につながって環状になっている時, その中の2つのつなぎ目から測った抵抗値3通りを求めよ.

(答) 16Ω, 21Ω, 25Ω

2. 10kΩ および 20kΩ の抵抗が各数個ずつある. これらを使って, 4kΩ, 8kΩ および 12kΩ の抵抗を得たい. どの場合も3個の抵抗で実現するには, どの抵抗をどのように接続したらよいか.

(答) 4kΩ：10kΩ 2個と 20kΩ 1個を全部並列
8kΩ：20kΩ 2個直列にしたものと 10kΩ との並列
12kΩ：20kΩ と 10kΩ の直列と 20kΩ の並列

3. 問2·3図の AB 間の合成抵抗を求めよ.

(答) 41/3 Ω

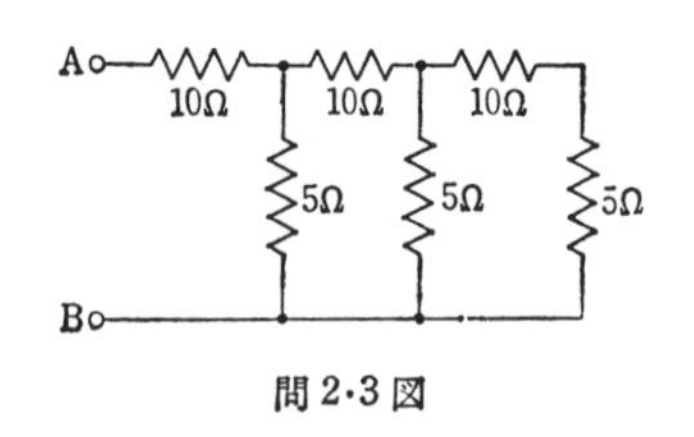

問2·3図

4. 内部抵抗 10Ω, 最大指示 10mA の電流計で, 最大指示 1A の電流計を作るにはどうすればよいか.

(答) 0.101Ω の抵抗を電流計に並列にする

5. 前問の 10mA の電流計で，最大指示 100V の電圧計を作るにはどうしたらよいか.

(答) 9990Ω の抵抗を電流計に直列にする

6. 内部抵抗 50kΩ, 最大指示 100V の電圧計を最大指示 1000V の電圧計にするにはどうすればよいか.

(答) 450kΩの抵抗を電圧計に直列にする

7. ある電圧計に 10kΩ の抵抗を直列にして，ある電源の電圧を測った時の指示が，直列抵抗がない場合の指示の 90% であったとすると，電圧計の内部抵抗は何 Ω か. ただし，この電源の内部抵抗は零 Ω とする.

(答) 90kΩ

8. 電源に 9Ω の負荷抵抗をつないだ時のその電源の電圧が，これをつながない時の電圧の 90% であったとすると，この電源の内部抵抗はいくらか.

(答) 1Ω

9. 問2·9図の回路の AB 間を，内部抵抗 10kΩ の電圧計で測った時の電圧が 80V であったとすると，正しい AB 間の電圧は何 V か.

(答) 110V

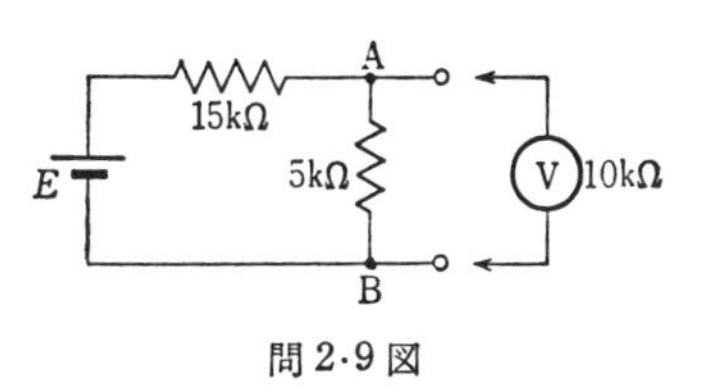

問2·9図

10. 問 2·10 図 (a) および (b) の 1kΩ の抵抗を ±10% 変えた時，その両端の電圧はそれぞれ何 % 変動するか.

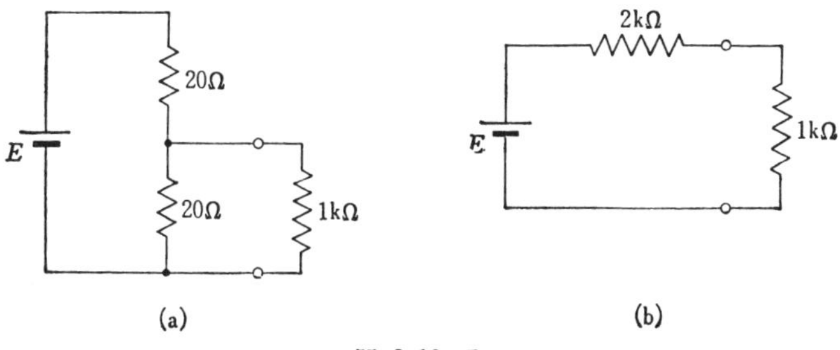

問 2·10 図

（答）（a） ±0.1%,（b） ±7%

11. 比例辺が2つとも 1000Ω のホィートストン・ブリッジで，約 1000Ω の抵抗を測るのに，電源に 1.5V の電池を用いるとすれば，誤差 ±1Ω 程度で測定する為には，検流計としては検出感度何A程度のものを用いればよいか．ただし，電池の内部抵抗は零 Ω，検流計の内部抵抗は 1000Ω とする．

註　ブリッジ平衡の状態から，測定する抵抗を 1Ω 変えた時の検流計に流れる電流を，テブナンの定理で求めればよい．

（答） 0.4μA

12. 問 2·12 図の回路の AO，BO および CO の各枝に流れる電流を求めよ．

（答） AからOに $\dfrac{E_3-E_2}{R+3r}$ [A]

BからOに $\dfrac{E_1-E_3}{R+3r}$ [A]

CからOに $\dfrac{E_2-E_1}{R+3r}$ [A]

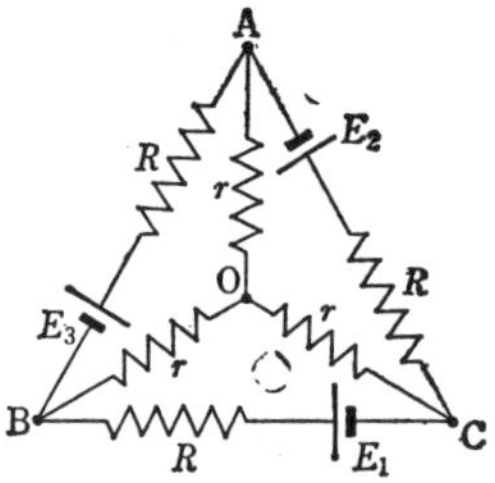

問 2·12 図

13. 第2·1表 (30頁) により，鉄線，銅線およびアルミニウム線について，直径 1mm，長さ 1km の線の 20℃ における抵抗を求めよ．

（答） 鉄 127Ω，銅 21.5Ω，アルミニウム 35.0Ω

14. 長さと重さが等しい銅線とアルミニウム線がある．この 2 本の導線の抵抗の比を求めよ．ただし，銅とアルミニウムの比重はそれぞれ 8·9 および 2·7 とし，各比抵抗は第 2·1 表に示す値とする．

（答） (銅線抵抗)/(アルミ線抵抗)＝2.03

15. 500W の電熱器を2個直列につないで，1個の時と同じ電圧を加えれば，全部で何 W になるか．また，並列にすれば何 W になるか．ただし，電熱器の抵抗は電圧によって変らないものとする．

（答） 直列 250W，並列 1000W

16. 500W の電熱器は1時間で何カロリーの熱を発生するか．

(答) 4.30×10^5 cal

17. 内部抵抗 1Ω, 起電力 1.5V の電池が3個あり, これをつないで (i) 全部直列にした場合, (ii) 2個並列にして, 残りの1個をこれに直列にした場合, (iii) 全部並列にした場合, の各場合について, 1/3Ω, 1.5Ω および 3Ω の負荷抵抗をつなげば, これらに消費される電力はそれぞれ何 W になるか. また, その結果の大小を比較し, もし電池の接続および負荷抵抗を適当に変えれば, 上記の場合のいずれよりも大きい電力が得られるか否かについて検討せよ.

(答) (i) 0.608 W, 1.50 W, 1.69 W; (ii) 0.894 W, 1.50 W, 1.33 W, (iii) 1.69 W, 1.00 W, 0.608 W; 2·9 の "最大電源出力" の項参照

18. 問 2·18 図の回路の Ⓖ に流れる電流が零になる為の各抵抗の間の関係を求めよ. ただし, R_1, R_2, R_3 および R_4 の間には $R_1R_4=R_2R_3$ なる関係があるものとする.

註 このようなブリッジをダブル・ブリッジといい, R_5 および R_6 の一方を標準, 他を未知の抵抗として, 低抵抗の測定に用いられる.

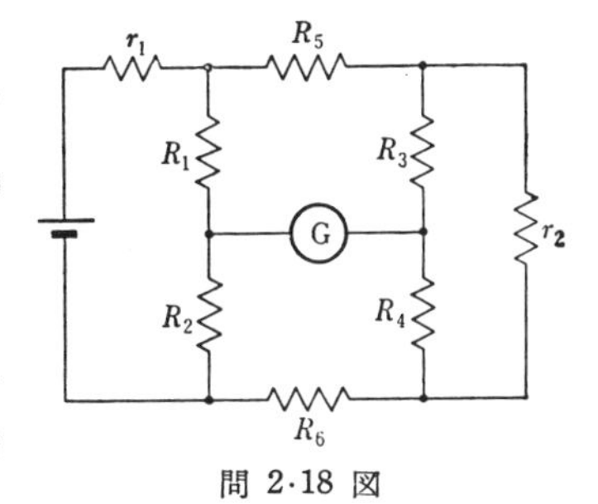

問 2·18 図

(答) $R_1R_6=R_2R_5$

19. 全抵抗 R [Ω] の電位差計式抵抗に, 問 2·19 図のように, r [Ω] の抵抗をつないだ場合, 電位差計式抵抗の摺動子回転角 θ と AB 間の全抵抗との関係を示す曲線の形が, r の違いによってどのように変るかをのべよ. ただし, 電位差計式抵抗のA端子と摺動子接点Cとの間の抵抗は θ に比例し, $k\theta$ [Ω] で表わされるものとする.

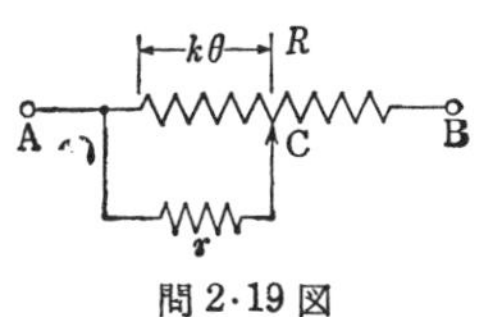

問 2·19 図

(答) θ を横軸とすると, $r=0$ ならば傾き $-k$ の直線, $r=\infty$ ならば水平直線, $0<r<\infty$ ならば凸曲線, ただし切線は $\theta=0$ で水平, $\theta=R/k$ で $-kR(2r+R)/(r+R)^2$ の傾き

20. 問 2·20 図の BB′ に抵抗 R をつなぎ，AA′ から見た抵抗の値がまた R に等しくなるための R を，R_1 および R_2 で表わせ．

（答）　$R=\sqrt{R_1(R_1+2R_2)}$

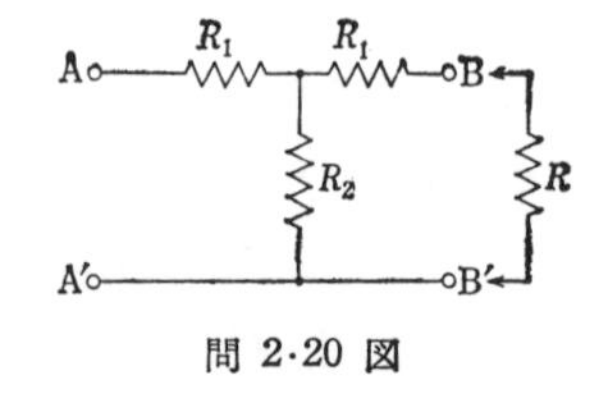

問 2·20 図

21. 問 2·21 図に示す回路の端子 AA′，BB′，CC′，‥‥ 等における電圧 V_A，V_B，V_C，‥‥ は次々にどのようになっているかを求めよ．ただし，図の R は前問で求めたものとする．

註　この回路は抵抗減衰器とよばれ，次々に一定の比率で小さくなる電圧をとり出すのに用いる．

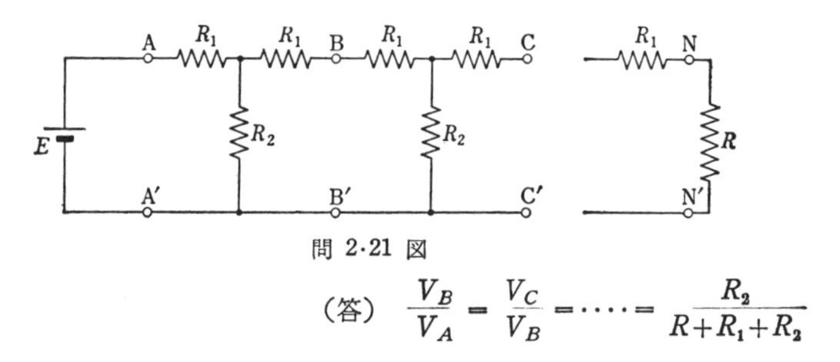

問 2·21 図

（答）　$\dfrac{V_B}{V_A}=\dfrac{V_C}{V_B}=\cdots\cdots=\dfrac{R_2}{R+R_1+R_2}$

第3章　磁気および電磁気

1. 線径 0.5mm の線を密にまいて作った無限長の単層ソレノイドに，0.5A の電流を流した場合，この中の磁界は何 AT/m になるか．

（答）　1000 AT/m

2. 問3·2 図のような，鉄でできた磁気回路の一部に間隔 3cm の空気間隙がある．鉄の部分に巻数 3000 回のコイルが巻いてあり，電流が 10A 流れている時の空気間隙中の磁界の強さは何 AT/m か．ただし，鉄の部分の磁気抵抗は無視できるものとする．

（答）　10^6 AT/m

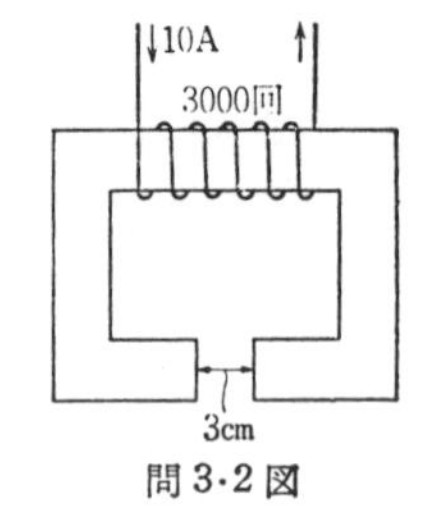

問3·2 図

3. 問3·3図に示す鉄でできた磁気回路の各場所の磁束および磁束密度を求めよ．ただし，この鉄の比透磁率は 200，コイルの巻数は 1000 回で，10 A の電流が流れているものとする．

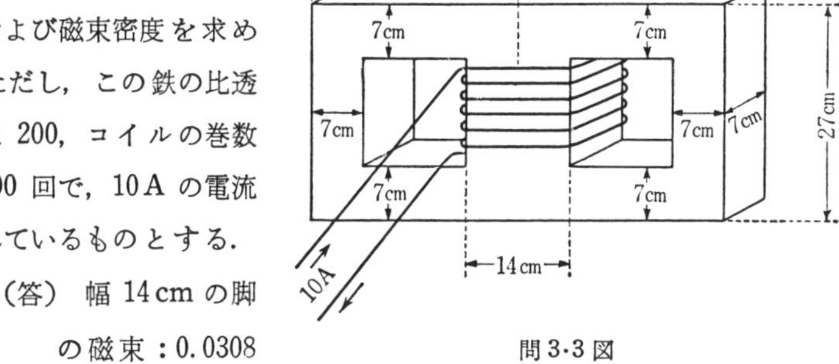

問3·3図

(答)　幅 14 cm の脚の磁束：0.0308 Wb，幅 7 cm の脚の磁束：0.0154 Wb，磁束密度はどこでも 3.14 Wb/m²

4. 可動コイル型電流計は第 3·25 図に示したような形をしており，コイルに電流が流れると，これに力が働いて，バネによる力とつり合うまでまわる．いま，このコイルの形が，縦 a [m]，横 b [m] の矩形で，N回巻きとし，磁界は常にコイルの a の長さの辺だけに加わり，方向は a に垂直でコイル面内にあり，そこの磁束密度を B [Wb/m²] とする．コイルに電流 I [A] が流れている時のその回転力を求めよ．

(答)　$abBNI$ [N-m]

5. 直径 2 cm の巻枠に 200 回まいた長さが 5 cm の空心のソレノイドのインダクタンスを求めよ．

(答)　268 μH

6. 第 3·16 図に示すような鉄心を有するコイルについて，鉄心の途中に作った空隙の長さがどれだけになれば，このコイルのインダクタンスが，空隙のない時の半分になるか．ただし，鉄の比透磁率は 800，空隙を含めた磁路の全長は 20 cm とする．

(答)　0.250 mm

7. それぞれ単独に測れば，自己インダクタンスが 10 mH および 5 mH の2つのコイルを，直列にして接近した時，12 mH になったという．この時の2つのコイルの間の相互インダクタンスは何 mH か．又両コイルの結合係数はいくらか．

（答） 相互インダクタンス 1.50 mH，結合係数 0.212

8. 自己インダクタンスそれぞれ L_1，L_2 および L_3 の3つのコイルがあって，その2つの間の相互インダクタンスは L_1-L_2 間が M_{12}，L_2-L_3 間が M_{23}，L_3-L_1 間が M_{31} であるとすると，この3つを直列にした時の全体のインダクタンスいくらか．

（答） $L_1+L_2+L_3+2(M_{12}+M_{23}+M_{31})$

9. 全巻数100回のソレノイドの巻数を，10回減らした時のインダクタンスが 8.1 mH であった．減らす前のインダクタンスは何ヘンリーか．ただし，このインダクタンスは無限ソレノイドと考えてよいとする．

（答） 10.0 mH

10. 直径 1 cm，間隔 1 m の2本の送電線に往復電流が流れている時，その 10 km の距離の間のインダクタンスを求めよ．ただし，磁束は導体の中にはいらないものとする．

（答） 21.2 mH

11. 絶縁被覆の外径 0.2 mm の銅線を，外径 3 cm の巻枠に密に一層にまいて，空心の 0.6 mH のインダクタンスを得たい．コイルは大体何回まけばよいか．長岡係数も考慮に入れて求めよ．

註 第3·2表から，$2r/l$ に対する $\mathcal{L}l/2r$ の表を求めておけばよい．

（答） 約190回

12. 自己インダクタンス 100 H のコイルに，10 A の電流が流れているとする．いま，導線を急に切れば，コイルに蓄えられていた磁気エネルギーは結局熱に変るはずである．この熱は何カロリーか．

（答） 1.20 kcal

13. 直径 4 cm，巻数 100 回の円形コイルを，強さ 10^5 AT/m の空気中の一様な磁界の中で，磁界の方向に垂直な軸のまわりに，毎秒 50 回の速度で回転させる時，このコイルにはいかなる起電力が発生するか．

(答)　4.96cos(314t) [V]，(角度はコイル面と磁界とのなす角)

第4章　交流回路

1.　実効値がいずれも 100V の正弦波，方形波および三角波の交流電圧の最大値はそれぞれ何Vか．ただし，どの波形も正の最大値と負の最大値との大きさは等しいものとする．

註　(最大値)/(実効値) を波高率という．

(答)　正弦波 $100\sqrt{2}$ V，方形波 100V，三角波 $100\sqrt{3}$ V

2.　周波数 60～ の2つの正弦波交流の一方が他方より 60° だけ位相が進んでいるとすれば，それは何秒進んでいることになるか．

(答)　2.78 m sec

3.　2つの直列インピーダンスのそれぞれに加わる電圧の瞬時値が

$$e_1=\sqrt{2}\sin\omega t \ [\mathrm{V}], \qquad e_2=2\sin\left(\omega t+\frac{5\pi}{12}\right) [\mathrm{V}]$$

の時，この直列回路全体に加わる電圧を瞬時値で表わせ．

(答)　$(\sqrt{3}+1)\sin\left(\omega t+\dfrac{\pi}{4}\right)$ [V]

4.　下記の複素数を極座標の形および直角座標の形で表わせ．

(*a*)　$(\sqrt{3}+j)^2$，(*b*)　$\sqrt{1+j\sqrt{3}}$，(*c*)　$\sqrt{1+j}$，(*d*)　$\sqrt[3]{j}$

(答)　(*a*)　$4\varepsilon^{j\pi/3}$，$2+j2\sqrt{3}$，(*b*)　$\sqrt{2}\varepsilon^{j\pi/6}$，$\sqrt{\dfrac{3}{2}}+j\dfrac{1}{\sqrt{2}}$

(*c*)　$\sqrt[4]{2}\varepsilon^{j\pi/8}$，$\sqrt{\dfrac{\sqrt{2}+1}{2}}+j\sqrt{\dfrac{\sqrt{2}-1}{2}}$，(*d*)　$\varepsilon^{j\pi/6}$，

$\dfrac{\sqrt{3}}{2}+j\dfrac{1}{2}$

5.　あるコイルの抵抗が 300Ω，インダクタンスが 2H である．これに 50～，100V の交流電圧を加えた時に流れる電流の大きさおよびその位相を求めよ．また，この電流を瞬時値で表わせ．ただし，電圧の瞬時値は $t=0$ で零であるとする．

（答） 電流の大きさ 0.144 A, 位相 1.12 rad 遅れ, 瞬時値

$0.203\sin(100\pi t-1.12)$ A

6. 2つのインダクタンス

$$\dot{Z}_1=4+j7\,\Omega,\qquad \dot{Z}_2=2-j5\,\Omega$$

を直列につないで, これに 100 V の電圧を加えた場合, これに流れる電流を複素数（直角座標および極座標）で示せ.

（答） $15-j5$ A, $10\sqrt{2.5}\,\varepsilon^{-j0.322}$ A

7. 問 4・7 図の各回路の電圧・電流間の位相差が正または負の 45° となるための周波数を求めよ.

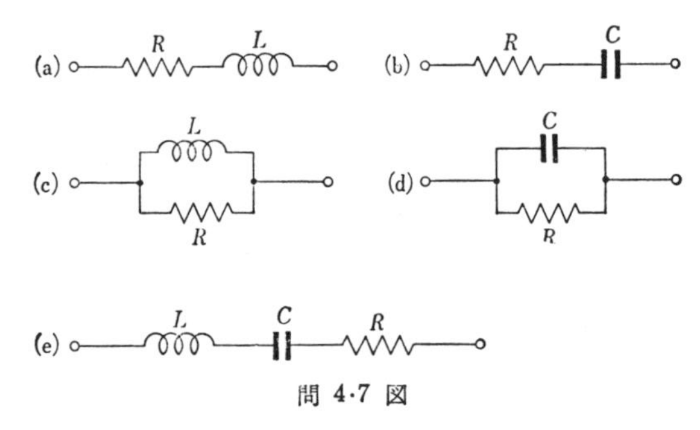

問 4・7 図

（答） (a) $f=R/(2\pi L)$, (b) $f=1/(2\pi CR)$, (c) $f=R/(2\pi L)$

(d) $f=1/(2\pi CR)$, (e) $f=\frac{1}{2\pi}\left\{\pm\frac{R}{2L}+\sqrt{\left(\frac{R}{2L}\right)+\frac{1}{LC}}\right\}$

8. 問 4・8 図の A－A′ 端子に, 内部抵抗が零で電圧が $\dot{V}_A$ の交流電源を加えた時, B－B′ 端子で測った電圧 $\dot{V}_B$ と $\dot{V}_A$ との比は一般には周波数によって変化するが, もし C_1, C_2, R_1 および R_2 の間に適当な関係がある場合は, この比は周波数によらない一定値になる. この関係を求めよ.

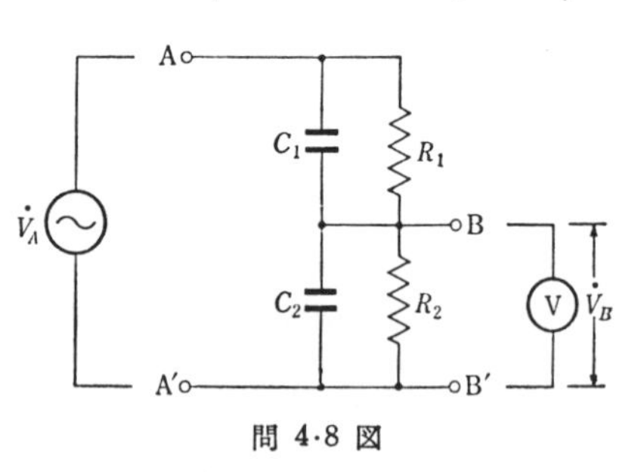

問 4・8 図

（答） $C_1R_1=C_2R_2$

9. 問4·9図の電圧 $\dot{E}_1$ と電圧 $\dot{E}_2$ が同位相となる周波数を求めよ.

(答) $f=1/(2\pi\sqrt{C_1C_2R_1R_2})$

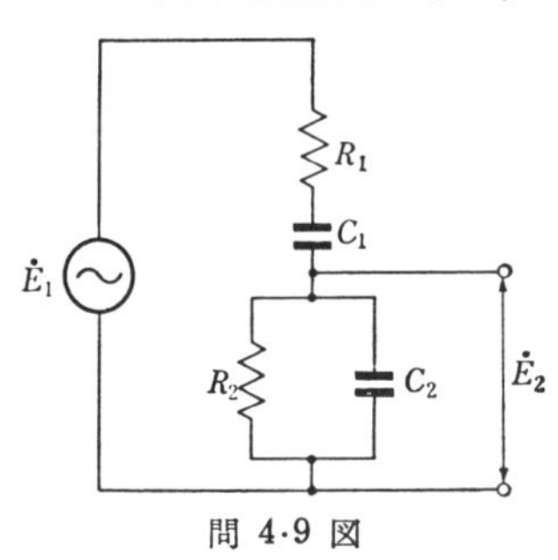

問 4·9 図

10. ある抵抗を有するコイルと可変抵抗との直列回路がある. これに 100V, 50～ の交流電圧を加えて, コイル両端の電圧と可変抵抗の両端の電圧とを電圧計で測り, その両者の読みが等しくなるようにこの抵抗を加減した時, その抵抗の値が 100Ω, その両端の電圧が 57.7$(=100/\sqrt{3})$ V であった. このコイルの抵抗およびインダクタンスを求めよ. ただし, 電圧計は理想的なものとする.

(答) 抵抗 50.0Ω, インダクタンス 0.276H

11. あるコイルに, 交流 110V を加えた時の電流が丁度 2A で, 直流 50V を加えた時の電流が丁度 5A であった. このコイルのリアクタンスおよび抵抗は何 Ω か. また, 力率はいくらか. さらに, この交流の周波数が 50～ であるとすると, コイルのインダクタンスは何Hか.

(答) 抵抗 10.0Ω, リアクタンス 54.1Ω, 力率 0.182, インダクタンス 0.172H

12. 抵抗 r [Ω] とインダクタンス L [H] の直列回路に, 電圧 E [V] を加えた時の電流 (複素数) を, 周波数を変えて複素平面上にプロットした軌跡は半円になるが, その中心の位置および半径を求めよ.

(答) 中心位置は実軸上 $E/(2r)$, 半径は $E/(2r)$

13. インダクタンス 1mH および静電容量 1000pF の直列回路に, 内部抵抗 5Ω, 電圧 0.1V の交流電源がつながっている. 電源の周波数を変えて共振させた時の周波数, およびその時のインダクタンスおよびコンデンサの両端の電圧を求めよ.

(答) 共振周波数 159kc/s, インダクタンスおよびコンデンサ両端の電圧 20V

14. 最大容量 30 pF の可変コンデンサとある固定インダクタンスを用いて，500 kc/s から 1.5 Mc/s の周波数の範囲内のどこででも共振する回路を得たい．このインダクタンスの値および可変コンデンサの必要な可変範囲を求めよ．

(答) インダクタンス 3.38 mH，コンデンサ 3.33 pF〜30.0 pF

15. コンデンサに並列に内部抵抗 100 kΩ の電圧計をつなぎ，それに電流計を通して 60〜 の交流電源を加えたところ，電圧計の読みは 100 V，電流計の読みは 2.13 mA であった．このコンデンサの静電容量を求めよ．

(答) 0.0500 μF

16. 問 14·16 図の回路では，r を変えれば，$\dot{E}_0$ は大きさが一定で位相だけが 180° の変化をする．このことを証明せよ．

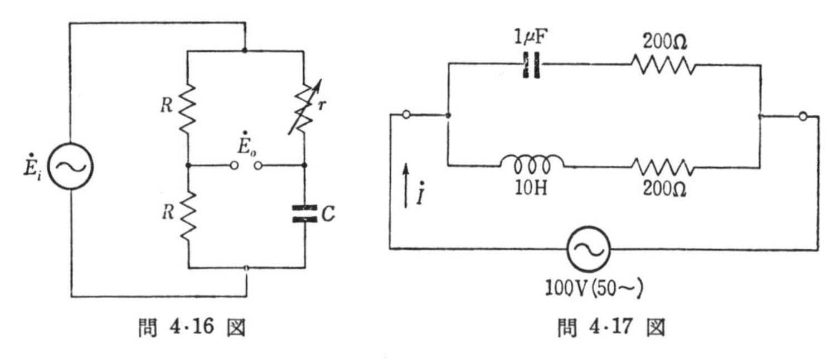

問 4·16 図　　問 4·17 図

17. 問 4·17 図の回路の電流 $\dot{I}$ の複素値を求めよ．また，この回路の力率は何 % か．ただし，電源電圧の位相角は零とする．

(答) $\dot{I}=3.98-j0.410$ mA，力率 99.5%

18. 問 4·18 図の R に流れる電流の大きさを求めよ．

(答)

$E/\sqrt{R^2(1-\omega^2LC)^2+\omega^2L^2}$ [A]

問 4·18 図

19. 前問で $\omega L/R \ll 100$ とした場合，R の両端の電圧が $E/100$ [V] より小さくなるためには，C をどのように選べばよいか．

(答) $C > \dfrac{100}{\omega^2 L}$ [F]

20. 問 4·20 図のブリッジ回路の平衡条件を求めよ.

(答) $R_1 R_2 = r_c r_l = L/C$

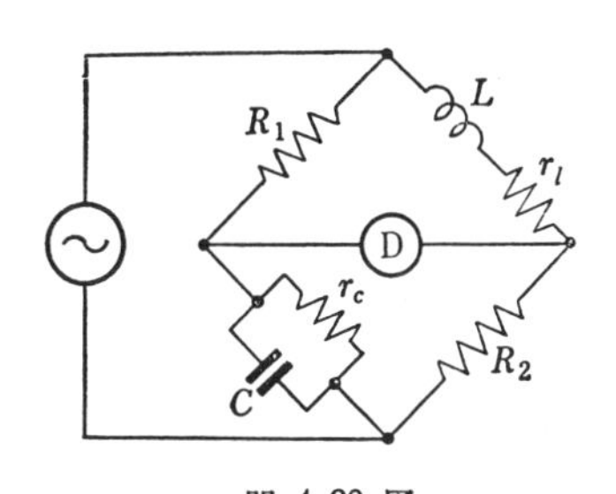

問 4·20 図
(マックスウェル L-C ブリッジ)

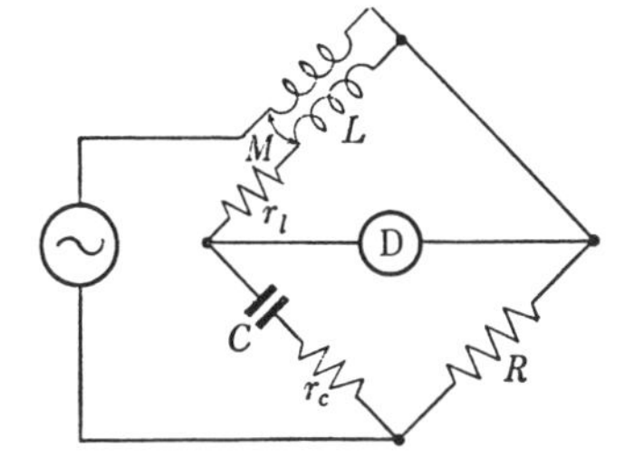

問 4·21 図
(ケーリー・フォスターブリッジ)

21. 問 4·21 図のブリッジ回路の平衡条件を求めよ.

(答) $r_l R = M/C$, $r_c/R = (L/M) - 1$

22. 抵抗およびインダクタンスが, 往復でそれぞれ 0.4Ω および 1mH の単相送電線の両端に, それぞれ電源および負荷がつながれていて, その負荷に加わる電圧が 60～, 200V, 負荷の消費電力が 20kW で, 80% の遅れの力率 (電流が電圧より遅れる場合) をもつ時, その電源端の電圧の大きさおよび送電線の電力損失を求めよ.

註 皮相電力を出し, これから電流を求めればよい.

(答) 電源端電圧 268V, 送電損失 6.25kW

23. 1次対2次の巻線比が 10 : 3 の変圧器の1次側に 200V を加え, 2次側に 30Ω の負荷をつないだ時に, 1次側に流れる電流は何Aか. ただし, この変圧器は理想変圧器と考えてよいものとする.

(答) 0.6A

24. 内部抵抗 4.5kΩ の電源から, 20Ω の負荷に最大の電力を取出すには, その間に巻数比いくらの変圧器を用いればいいか.

(答) 15 : 1

25. 問 4·25 図の回路の電源から最大の電力をとり出すには，C および R をどのように選べばよいか．

(答) $C=1/\omega^2 L$,　$R=r$

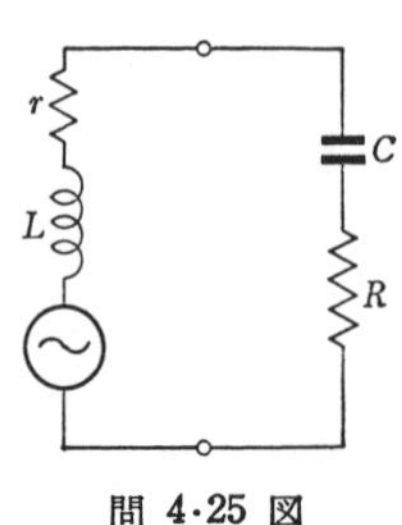

問 4·25 図

26. 抵抗 R [Ω] とインダクタンス L [H] の直列回路の力率，およびこれに交流電圧 $\dot{E}$ [V] を加えた時の（有効）電力，無効電力および皮相電力を求めよ．

(答) 力率：$\dfrac{R}{\sqrt{R^2+\omega^2 L^2}}$，電力：$\dfrac{RE^2}{R^2+\omega^2 L^2}$

無効電力：$\dfrac{\omega L E^2}{R^2+\omega^2 L^2}$，皮相電力：$\dfrac{E^2}{\sqrt{R^2+\omega^2 L^2}}$

27. 60〜，200 V で，消費電力 366 W，遅れの力率 86.6% のモータがある．これに何 μF のコンデンサを並列につければ，全体の力率が 100% になるか．

註　モータの無効電力をコンデンサの無効電力で打消すようにすればよい．

(答) 14.0 μF

28. 問 4·28 図の平衡 3 相回路の各相の相電圧と相電流の関係を求めよ．

註　$\dot{I}_1$ を，L を流れる電流と R を流れる電流との和と考えてとけばよい．

(答) $\dot{I}_1=\dfrac{\sqrt{3}}{2}\left(\dfrac{\sqrt{3}+j}{R}+\dfrac{\sqrt{3}-j}{j\omega L}\right)\dot{E}_1$

$\dot{I}_2=\dfrac{\sqrt{3}}{2}\left\{j\omega C(\sqrt{3}+j)+\dfrac{\sqrt{3}-j}{R}\right\}\dot{E}_2$

$\dot{I}_3=\dfrac{\sqrt{3}}{2}\left\{\dfrac{\sqrt{3}+j}{j\omega L}+j\omega C(\sqrt{3}-j)\right\}\dot{E}_3$

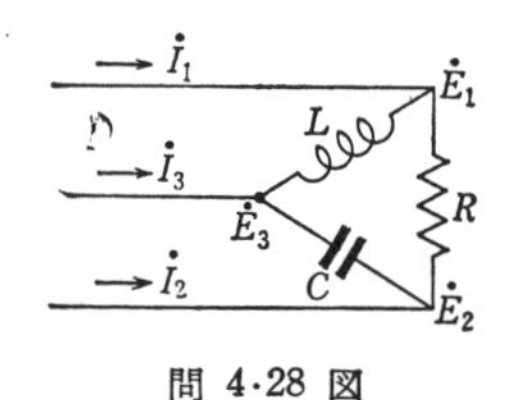

問 4·28 図

29. 平衡 3 相電源に問 4·29 図のように抵抗をつないだ時，その r [Ω] の抵抗を流れる電流の大きさを求めよ．ただし，相電圧の大きさを E [V] とする．

註　テブナンの定理を用いるのが便

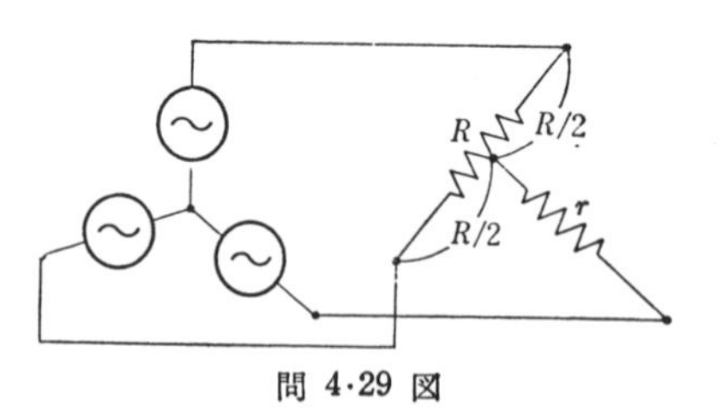

問 4·29 図

利.

(答) $\dfrac{6E}{4r+R}$ [A]

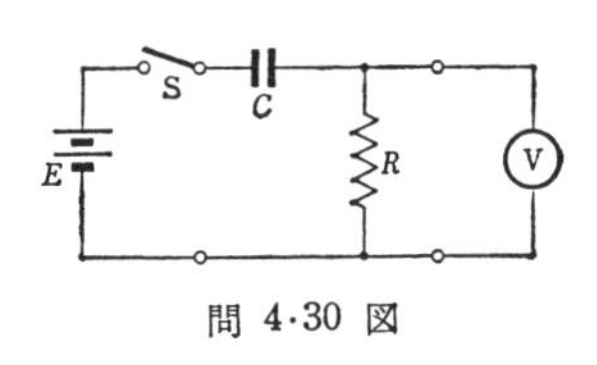

問 4·30 図

30. 問4·30図で，スイッチSを閉じてから，電圧計の読みが最初の値の半分になるまでの時間を t_1 秒とすると，この C, R および t_1 の間にどのような関係があるか．ここで $R=10\,\mathrm{M\Omega}$, $t_1=15$ 秒とすると，Cは何 μF か．ただし，この電圧計の内部インピーダンスは無限に大きいものとする．

(答) $t_1=CR\log_\varepsilon 2$, $C=2.16\,\mu$F

第5章 電 磁 界

1. 式 (5·11) を用いて，真空中の電磁波の速度を有効数字4桁まで計算せよ．

(答) 2.998×10^8 m/sec

2. 周波数 1.50 Mc/s の真空中の電磁波の波長は 何 mか．

(答) 200 m

3. 周波数 1000 Mc/s のポリスチレン (誘電率 2.60, 透磁率 1.00) 中の電磁波の波長は何 cm か．

(答) 18.6 cm

4. 真空中およびパラフィン (誘電率 2.00, 透磁率 1.00) 中での電磁波の電界の強さと磁界の強さの比を求めよ．

註 この比を固有波動インピーダンスという．

(答) 真空中 377 Ω, パラフィン中 266 Ω

5. 電磁波における電界および磁界ベクトルの空間的状態を図示し，その理由を説明せよ．

註 5·1 の図および説明参照．

付　　録

9. 電気理論公式

(i) 電気磁気

	MKS 有理単位	CGS 静電単位	CGS 電磁単位	ガウス単位(CGS)
真空中の光速	$c_{0m}=2.998\times10^8$	$c_{0c}=2.998\times10^{10}$	$c_{0c}=2.998\times10^{10}$	$c_{0c}=2.998\times10^{10}$
真空の誘電率	$\varepsilon=\varepsilon_0=\dfrac{10^7}{4\pi c_{0m}^2}$ $=8.855\times10^{-12}$	$\varepsilon=1$	$\varepsilon=1/c_{0c}^2$	$\varepsilon=1$
誘電率	$\varepsilon=\varepsilon_0\varepsilon_s$	$\varepsilon=\varepsilon_s$	$\varepsilon=\varepsilon_s/c_{0c}^2$	$\varepsilon=\varepsilon_s$
真空の透磁率	$\mu=\mu_0$ $=4\pi\times10^{-7}$	$\mu=1/c_{0c}^2$ $=1.113\times10^{-21}$	$\mu=1$	$\mu=1$
透磁率	$\mu=\mu_0\mu_s$	$\mu=\mu_s/c_{0c}^2$	$\mu=\mu_s$	$\mu=\mu_s$
電荷に関するクーロンの法則	$F=\dfrac{Q_1Q_2}{4\pi\varepsilon r^2}$ $=\dfrac{Q_1Q_2}{\varepsilon_s r^2}c_{0m}^2$ $\times10^{-7}$	$F=\dfrac{Q_1Q_2}{\varepsilon_s r^2}$	$F=\dfrac{Q_1Q_2}{\varepsilon r^2}$ $=\dfrac{Q_1Q_2}{\varepsilon_s r^2}c_{0c}^2$	$F=\dfrac{Q_1Q_2}{\varepsilon_s r^2}$
磁極に関するクーロンの法則	$F=\dfrac{m_1m_2}{4\pi\mu r^2}$ $=\dfrac{m_1m_2}{\mu_s r^2}\times\dfrac{10^7}{(4\pi)^2}$	$F=\dfrac{m_1m_2}{\mu r^2}$ $=\dfrac{m_1m_2}{\mu_s r^2}c_{0c}^2$	$F=\dfrac{m_1m_2}{\mu_s r^2}$	$F=\dfrac{m_1m_2}{\mu_s r^2}$
点電荷による電界	$E=\dfrac{Q}{4\pi\varepsilon r^2}$ $=\dfrac{Q}{\varepsilon_s r^2}c_{0m}^2\times10^{-7}$	$E=\dfrac{Q}{\varepsilon_s r^2}$	$E=\dfrac{Q}{\varepsilon r^2}$ $=\dfrac{Q}{\varepsilon_s r^2}c_{0c}^2$	$E=\dfrac{Q}{\varepsilon_s r^2}$
点磁極による磁界	$H=\dfrac{m}{4\pi\mu r^2}$ $=\dfrac{m}{\mu_s r^2}\times\dfrac{10^7}{(4\pi)^2}$	$H=\dfrac{m}{\mu r^2}$ $=\dfrac{m}{\mu_s r^2}c_{0c}^2$	$H=\dfrac{m}{\mu_s r^2}$	$H=\dfrac{m}{\mu_s r^2}$
線電荷付近の電界	$E=\dfrac{q}{2\pi\varepsilon r}$ $=\dfrac{2q}{\varepsilon_s r}\times c_{0m}^2$ $\times10^{-7}$	$E=\dfrac{2q}{\varepsilon_s r}$	$E=\dfrac{2q}{\varepsilon r}$ $=\dfrac{2q}{\varepsilon_s r}c_{0c}^2$	$E=\dfrac{2q}{\varepsilon_s r}$

	MKS 有理単位	CGS 静電単位	CGS 電磁単位	ガウス単位(CGS)
電　位　差	$V_{BA}=\int_B^A E\cos\theta ds$	同　左	同　左	同　左
磁　位　差	$\Omega_{BA}=\int_B^A H\cos\theta ds$	同　左	同　左	同　左
誘電束密度	$D=\varepsilon E=\varepsilon_0\varepsilon_s E$ $=\varepsilon_s E\times\frac{10^7}{4\pi c_{0m}^2}$	$D=\varepsilon_s E$	$D=\varepsilon E=\varepsilon_s E/c_{0c}^2$	$D=\varepsilon_s E$
磁束密度	$B=\mu H=\mu_0\mu_s H$ $=\mu_s H\times 4\pi$ $\times 10^{-7}$	$B=\mu H$ $=\mu_s H/c_{0c}^2$	$B=\mu_s H$	$B=\mu_s H$
導体表面からの誘電束密度	$D=\sigma$	$D=4\pi\sigma$	$D=4\pi\sigma$	$D=4\pi\sigma$
静電容量	$C=Q/V$	同　左	同　左	同　左
同心球コンデンサの容量	$C=\frac{4\pi\varepsilon}{\frac{1}{a}-\frac{1}{b}}$ $=\frac{\varepsilon_s}{\frac{1}{a}-\frac{1}{b}}\times\frac{10^7}{c_{0m}^2}$	$C=\frac{\varepsilon_s}{\frac{1}{a}-\frac{1}{b}}$	$C=\frac{\varepsilon}{\frac{1}{a}-\frac{1}{d}}$ $=\frac{\varepsilon_s}{\frac{1}{a}-\frac{1}{b}}\times\frac{1}{c_{0c}^2}$	$C=\frac{\varepsilon_s}{\frac{1}{a}-\frac{1}{b}}$
平行線間容量(単位長)	$C=\frac{\pi\varepsilon}{\log_\varepsilon\frac{d}{a}}$ $=\frac{\varepsilon_s}{4\log_\varepsilon\frac{d}{a}}\times\frac{10^7}{c_{0m}^2}$	$C=\frac{\varepsilon_s}{4\log_\varepsilon\frac{d}{a}}$	$C=\frac{\varepsilon}{4\log_\varepsilon\frac{a}{d}}$ $=\frac{\varepsilon_s}{4\log_\varepsilon\frac{a}{d}}\times\frac{1}{c_{0c}^2}$	$C=\frac{\varepsilon_s}{4\log_\varepsilon\frac{d}{a}}$
静電容量のエネルギ	$W=\frac{1}{2}QV$ $=\frac{1}{2}CV^2$ $=\frac{1}{2}Q^2/C$	同　左	同　左	同　左
周回積分の法則	$\oint_c H\cos\theta ds=NI$	$\oint_c H\cos\theta ds$ $=4\pi NI$	$\oint_c H\cos\theta ds$ $=4\pi NI$	$\oint_c H\cos\theta ds$ $=4\pi NI/c_{0c}$
ビオ・サバールの法則	$dH=\frac{I\sin\theta}{4\pi r^2}ds$	$dH=\frac{I\sin\theta}{r^2}ds$	$dH=\frac{I\sin\theta}{r^2}ds$	$dH=\frac{I\sin\theta}{c_{0c}r^2}ds$
直線電流による磁界	$H=\frac{I}{2\pi a}$	$H=\frac{2I}{a}$	$H=\frac{2I}{a}$	$H=\frac{2I}{c_{0c}a}$
ソレノイド中の磁界	$H=nI$	$H=4\pi nI$	$H=4\pi nI$	$H=4\pi nI/c_{0c}$

	MKS 有理単位	CGS 静電単位	CGS 電磁単位	ガウス単位(CGS)
起磁力	$\mathcal{F}=NI$	$\mathcal{F}=4\pi NI$	$\mathcal{F}=4\pi NI$	$\mathcal{F}=4\pi NI/c_{0c}$
磁気抵抗	$\mathcal{R}=\dfrac{l}{\mu S}$ $=\dfrac{l}{\mu_s S}\times\dfrac{10^7}{4\pi}$	$\mathcal{R}=\dfrac{l}{\mu S}$ $=\dfrac{l}{\mu_s S}\times c_{0c}^2$	$\mathcal{R}=\dfrac{l}{\mu_s S}$	$\mathcal{R}=\dfrac{l}{\mu_s S}$
磁気回路の法則	$\phi=\mathcal{F}/\mathcal{R}$	同　左	同　左	同　左
電流・磁束密度間の力(単位長)	$F=IB\sin\theta$	同　左	同　左	$F=\dfrac{1}{c_{0c}}IB\sin\theta$
インダクタンス	$L=N^2/\mathcal{R}$	$L=4\pi N^2/\mathcal{R}$	$L=4\pi N^2/\mathcal{R}$	$L=4\pi N^2/\mathcal{R}$
ソレノイドのインダクタンス	$L=\mathcal{L}\dfrac{\mu N^2 S}{l}$ $=\mathcal{L}\dfrac{\mu_s N^2 S}{l}$ $\times 4\pi\times 10^{-7}$	$L=\mathcal{L}\dfrac{4\pi\mu N^2 S}{l}$ $=\mathcal{L}\dfrac{4\pi\mu_s N^2 S}{l}$ $\times\dfrac{1}{c_{0c}^2}$	$L=\mathcal{L}\dfrac{4\pi\mu_s N^2 S}{l}$	$L=\mathcal{L}\dfrac{4\pi\mu_s N^2 S}{l}$
往復線の自己インダクタンス(真空中，単位長)	$L=\dfrac{\mu_0}{\pi}$ $\times\left(\log_\varepsilon\dfrac{d}{a}+\dfrac{\mu_s}{4}\right)$ $=\left(\log_\varepsilon\dfrac{d}{a}+\dfrac{\mu_s}{4}\right)$ $\times 4\times 10^{-7}$	$L=4$ $\times\left(\log_\varepsilon\dfrac{d}{a}+\dfrac{\mu_s}{4}\right)$ $\times\dfrac{1}{c_{0c}^2}$	$L=4$ $\times\left(\log_\varepsilon\dfrac{d}{a}+\dfrac{\mu_s}{4}\right)$	$L=4$ $\times\left(\log_\varepsilon\dfrac{d}{a}+\dfrac{\mu_s}{4}\right)$
結合係数	$k=\dfrac{M}{\sqrt{L_1 L_2}}$	同　左	同　左	同　左
自己インダクタンスのエネルギ	$W=\dfrac{1}{2}LI^2$	同　左	同　左	$W=\dfrac{1}{2c_{0c}^2}LI^2$
相互インダクタンスのエネルギ	$W=MI_1I_2$	同　左	同　左	$W=\dfrac{1}{2c_{0c}^2}MI_1I_2$
電磁誘導	$U=-\dfrac{d\mathcal{N}}{dt}$ $(\mathcal{N}=\phi N)$	同　左	同　左	$U=-\dfrac{1}{c_{0c}}\dfrac{d\mathcal{N}}{dt}$
電磁波の波長	$\lambda=v/f$	同　左	同　左	同　左
真空中の電磁波の速度	$v=\dfrac{1}{\sqrt{\varepsilon_0\mu_0}}=c_{0m}$ $=2.998\times 10^8$	$v=\dfrac{1}{\sqrt{\mu_0}}=c_{0c}$ $=2.998\times 10^{10}$	$v=\dfrac{1}{\sqrt{\varepsilon_0}}=c_{0c}$ $=2.998\times 10^{10}$	$v=c_{0c}$ $=2.998\times 10^{10}$
電磁波の速度	$v=\dfrac{1}{\sqrt{\varepsilon\mu}}$	$v=\dfrac{1}{\sqrt{\varepsilon\mu}}$	$v=\dfrac{1}{\sqrt{\varepsilon\mu}}$	$v=\dfrac{c_{0c}}{\sqrt{\varepsilon\mu}}$

	MKS 有理単位	CGS 静電単位	CGS 電磁単位	ガウス単位(CGS)
	$=\frac{c_{0m}}{\sqrt{\varepsilon_s\mu_s}}$	$=\frac{c_{0c}}{\sqrt{\varepsilon_s\mu_s}}$	$=\frac{c_{0c}}{\sqrt{\varepsilon_s\mu_s}}$	$=\frac{c_{0c}}{\sqrt{\varepsilon_s\mu_s}}$
マックスウェルの電磁方程式	$\frac{\partial H_z}{\partial y}-\frac{\partial H_y}{\partial z}=i_x+\frac{\partial D_x}{\partial t}$ $\frac{\partial H_x}{\partial z}-\frac{\partial H_z}{\partial x}=i_y+\frac{\partial D_y}{\partial t}$ $\frac{\partial H_y}{\partial x}-\frac{\partial H_x}{\partial y}=i_z+\frac{\partial D_z}{\partial t}$	$\frac{\partial H_z}{\partial y}-\frac{\partial H_y}{\partial z}=4\pi i_x+\frac{\partial D_x}{\partial t}$ $\frac{\partial H_x}{\partial z}-\frac{\partial H_z}{\partial x}=4\pi i_y+\frac{\partial D_y}{\partial t}$ $\frac{\partial H_y}{\partial x}-\frac{\partial H_x}{\partial y}=4\pi i_z+\frac{\partial D_z}{dt}$	同　左	$\frac{\partial H_z}{\partial y}-\frac{\partial H_y}{\partial z}=\frac{1}{c_{0c}}\times\left\{4\pi i_x+\frac{\partial D_x}{\partial t}\right\}$ $\frac{\partial H_x}{\partial z}-\frac{\partial H_z}{\partial x}=\frac{1}{c_{0c}}\times\left\{4\pi i_y+\frac{\partial D_y}{\partial t}\right\}$ $\frac{\partial H_y}{\partial x}-\frac{\partial H_x}{\partial y}=\frac{1}{c_{0c}}\times\left\{4\pi i_z+\frac{\partial D_z}{\partial t}\right\}$
	$\frac{\partial E_z}{\partial y}-\frac{\partial E_y}{\partial z}=-\frac{\partial B_x}{\partial t}$ $\frac{\partial E_x}{\partial z}-\frac{\partial E_z}{\partial x}=-\frac{\partial B_y}{\partial t}$ $\frac{\partial E_y}{\partial x}-\frac{\partial E_x}{\partial y}=-\frac{\partial B_z}{\partial t}$	$\frac{\partial E_z}{\partial y}-\frac{\partial E_y}{\partial z}=-\frac{\partial B_x}{\partial t}$ $\frac{\partial E_x}{\partial z}-\frac{\partial E_z}{\partial x}=-\frac{\partial B_y}{\partial t}$ $\frac{\partial E_y}{\partial x}-\frac{\partial E_x}{\partial y}=-\frac{\partial B_z}{\partial t}$	同　左	$\frac{\partial E_z}{\partial y}-\frac{\partial E_y}{\partial z}=-\frac{1}{c_{0c}}\frac{\partial B_x}{\partial t}$ $\frac{\partial E_x}{\partial z}-\frac{\partial E_z}{\partial x}=-\frac{1}{c_{0c}}\frac{\partial B_y}{\partial t}$ $\frac{\partial E_y}{\partial x}-\frac{\partial E_x}{\partial y}=-\frac{1}{c_{0c}}\frac{\partial B_z}{\partial t}$

(ii) 回　路

オームの法則　　$V=IR$

交流における電流・電圧関係

$$\dot{V}=\dot{I}\dot{Z}$$

固有抵抗　　$\gamma=\frac{S}{l}R$

直列接続

(抵　抗)　　$R=R_1+R_2+\cdots\cdots+R_n$

(自己インダクタンス)　$L=L_1+L_2+\cdots\cdots+L_n$

（静電容量）　$\frac{1}{C}=\frac{1}{C_1}+\frac{1}{C_2}+\cdots\cdots+\frac{1}{C_n}$

（インピーダンス）　$\dot{Z}=\dot{Z}_1+\dot{Z}_2+\cdots\cdots+\dot{Z}_n$

（アドミッタンス）　$\frac{1}{\dot{Y}}=\frac{1}{\dot{Y}_1}+\frac{1}{\dot{Y}_2}+\cdots\cdots+\frac{1}{\dot{Y}_n}$

並列接続

（抵　抗）　$\frac{1}{R}=\frac{1}{R_1}+\frac{1}{R_2}+\cdots\cdots+\frac{1}{R_n}$

（自己インダクタンス）　$\frac{1}{L}=\frac{1}{L_1}+\frac{1}{L_2}+\cdots\cdots+\frac{1}{L_n}$

（静電容量）　$C=C_1+C_2+\cdots\cdots+C_n$

（インピーダンス）　$\frac{1}{\dot{Z}}=\frac{1}{\dot{Z}_1}+\frac{1}{\dot{Z}_2}+\cdots\cdots+\frac{1}{\dot{Z}_n}$

（アドミッタンス）　$\dot{Y}=\dot{Y}_1+\dot{Y}_2+\cdots\cdots+\dot{Y}_n$

キルヒホッフの法則

（直流回路）
- 第1法則　$I_1+I_2+\cdots\cdots+I_n=0$
- 第2法則　$I_1R_1+I_2R_2+\cdots\cdots+I_nR_n=E_1+E_2+\cdots\cdots+E_n$

（交流回路）
- 第1法則　$\dot{I}_1+\dot{I}_2+\cdots\cdots+\dot{I}_n=0$
- 第2法則　$\dot{I}_1\dot{Z}_1+\dot{I}_2\dot{Z}_2+\cdots\cdots+\dot{I}_n\dot{Z}_n=\dot{E}_1+\dot{E}_2+\cdots\cdots+\dot{E}_n$

節点方程式

（直流回路）

$$(G_{PA}+G_{PB}+\cdots\cdots+G_{PN})V_P-G_{PA}V_A-G_{PB}V_B-\cdots\cdots-G_{PN}V_N=I_P$$

（交流回路）

$$(\dot{Y}_{PA}+\dot{Y}_{PB}+\cdots+\dot{Y}_{PN})\dot{V}_P-\dot{Y}_{PA}\dot{V}_A-\dot{Y}_{PB}\dot{V}_B-\cdots-\dot{Y}_{PN}\dot{V}_N=\dot{I}_P$$

電　力

（直流電力）　$P=VI=I^2R=V^2/R$

（交流電力）
- 有効電力　$P=VI\cos\varphi=\mathrm{Real}\,(\dot{V}\dot{I}^*)$
- 無効電力　$P=VI\sin\varphi=\mathrm{Imag}\,(\dot{V}\dot{I}^*)$
- 皮相電力　$P=VI$

（3相電力）　$P=3E_pI_p\cos\varphi=\sqrt{3}E_lI_p\cos\varphi$

ジュール熱　$H=I^2Rt/4.185$

周波数，周期　$f=1/T$

角周波数　$\omega=2\pi f$

平均値　$E_a=\frac{1}{T}\int_0^T|e|dt,$

正弦波では　$E_a=\frac{E_m}{T}\int_0^T|\sin\omega t|dt=\frac{2}{\pi}E_m$

実効値　$E_e=\sqrt{\frac{1}{T}\int_0^T e^2dt}$

正弦波では　$E_e=E_m\sqrt{\frac{1}{T}\int_0^T\sin^2\omega tdt}=\frac{E_m}{\sqrt{2}}$

インピーダンス

（抵抗のインピーダンス）

$$\dot{Z}=R$$

（インダクタンスのインピーダンス）

$$\dot{Z}=j\omega L$$

（静電容量のインピーダンス）

$$\dot{Z}=\frac{1}{j\omega C}$$

共振周波数　$f_r=\frac{1}{2\pi\sqrt{LC}}$

共振回路のQ　$Q=\omega L/R=1/\omega CR$

理想変圧器の電流・電圧　$\frac{n_1}{n_2}=\frac{E_1}{E_2}=\frac{I_2}{I_1}$

インピーダンス整合　$\dot{Z}_2=\dot{Z}_1{}^*$

3相回路の相電圧と線間電圧

$$E_l=\sqrt{3}E_p$$

$Y-\varDelta$ 変換　$\dot{Z}_A=\frac{\dot{Z}_b\dot{Z}_c}{\dot{Z}_a+\dot{Z}_b+\dot{Z}_c},\quad \dot{Z}_B=\frac{\dot{Z}_c\dot{Z}_a}{\dot{Z}_a+\dot{Z}_b+\dot{Z}_c}$

$$\dot{Z}_C=\frac{\dot{Z}_a\dot{Z}_b}{\dot{Z}_a+\dot{Z}_b+\dot{Z}_c}$$

$\dot{Z}_A, \dot{Z}_B, \dot{Z}_C$: Y インピーダンス

$\dot{Z}_a, \dot{Z}_b, \dot{Z}_c$: Δ インピーダンス

フーリェ級数

$$e(t)=E_0+E_{m1}\sin(\omega t+\varphi_1)+E_{m2}\sin(2\omega t+\varphi_2)+\cdots\cdots\cdots\cdots$$

$$=E_0+F_{m1}\sin\omega t+F_{m2}\sin 2\omega t+\cdots\cdots+F_{mn}\sin n\omega t$$

$$+G_{m1}\cos\omega t+G_{m2}\cos 2\omega t+\cdots\cdots+G_{mn}\cos n\omega t$$

$$E_0=\frac{1}{T}\int_{-T/2}^{T/2}e(t)dt,\quad F_{mr}=\frac{2}{T}\int_{-T/2}^{T/2}e(t)\sin r\omega t dt$$

$$G_{mr}=\frac{2}{T}\int_{-T/2}^{T/2}e(t)\cos r\omega t dt$$

方形波のフーリェ級数　$e(t)=\frac{4}{\pi}E_m\left(\sin\omega t+\frac{1}{3}\sin 3\omega t+\frac{1}{5}\sin 5\omega t+\cdots\right)$

三角波のフーリェ級数　$e(t)=\frac{8}{\pi^2}E_m\left(\sin\omega t-\frac{1}{3^2}\sin 3\omega t+\frac{1}{5^2}\sin 5\omega t-\cdots\right)$

直流電圧を加えた時の過渡電流

(L-R 直列回路)　$i=\frac{E}{R}(1-\varepsilon^{-\frac{t}{\tau}}),\quad \tau=L/R$

(C-R 直列回路)　$i=\frac{E}{R}\varepsilon^{-\frac{t}{\tau}}$

(L-C-R 直列回路)　$i=\frac{E}{\sqrt{R^2-4\frac{L}{C}}}\varepsilon^{-at}(\varepsilon^{bt}-\varepsilon^{-bt})$

$$a=\frac{R}{2L},\qquad b=\sqrt{\left(\frac{R}{2L}\right)^2-\frac{1}{LC}}$$

2. MKS 有理単位と CGS 系各単位との間の換算

量	MKS 単位名	CGS 静電単位 (esu) との換算	CGS 電磁単位 (emu) との換算
力	ニュートン (N)	1 ダイン$=10^{-5}$N	
エネルギー, 仕事	ジュール (J)	1 エルグ$=10^{-7}$J	
工率, 電力	ワット (W)	1 エルグ/秒$=10^{-7}$W	
電荷	クーロン (C)	1 esu$=1$Gu $=10^{-9}/3$ C	1 emu$=10$ C
誘電束	クーロン (C)	1 esu$=1$Gu $=10^{-9}/12\pi$ C	1 emn$=10/4\pi$ C
誘電束密度	クーロン/m^2 (C/m^2)	1 esu$=1$Gu$=$ $10^{-5}/12\pi$ C/m^2	1 emu$=10^5/4\pi$ C/m^2
電界の強さ	ボルト/m (V/m)	1 esu$=1$Gu $=3\times10^4$ V/m	1 emu$=10^{-6}$ V/m
電位差, 起電力	ボルト (V)	1 esu$=1$Gu$=300$V	1 emu$=10^{-8}$ V
電流	アンペア (A)	1 esu$=1$Gu $=10^{-9}/3$ A	1 emu$=10$ A
磁極の強さ	ウェーバー (Wb)	1 esu$=12\pi\times10^2$ Wb	1 emu$=1$Gu$=4\pi$ $\times10^{-8}$ Wb
磁束	ウェーバー (Wb)	1 esu$=300$ Wb	1 マクスウェル $=1$Gu$=10^{-8}$Wb
磁束密度	ウェーバー/m^2 (Wb/m^2)	1 esu$=3\times10^6$ Wb/m^2	1 ガウス$=1$Gu $=10^{-4}$ Wb/m^2
磁界の強さ	アンペア回数/m (AT/m)	1 esu$=10^{-7}/12\pi$ AT/m	1 エルステッド$=$ 1Gu$=10^3/4\pi$ AT/m
磁位差, 起磁力	アンペア回数 (AT)	1 esu$=10^{-9}/12\pi$ AT	1 ギルバート$=$ 1Gu$=10/4\pi$ AT
電気抵抗	オーム (Ω)	1 esu$=1$Gu $=9\times10^{11}$ Ω	1 emu$=10^{-9}$ Ω
固有抵抗	オーム・m (Ωm)	1 esu$=1$Gu $=9\times10^9$ Ωm	1 emu$=10^{-11}$ Ωm
磁気抵抗	アンペア回数/ウェーバー (AT/Wb)	1 esu$=10^{-11}/36\pi$ AT/Wb	1 emu$=1$Gu $=10^9/4\pi$ AT/Wb
インダクタンス	ヘンリー (H)	1 esu$=9\times10^{11}$ H	1 emu$=1$Gu $=10^{-9}$ H
静電容量	ファラッド (F)	1 esu$=1$Gu $=10^{-11}/9$ F	1 emu$=10^9$ F

註 (i) Gu はガウス単位.

(ii) 表中の係数は真空中の光速 2.99776×10^{10} cm/s を 3×10^{10} cm/s と近似している.

3. 数学公式

(i) 代　数

2次方程式

$$ax^2+bx+c=0 \qquad \text{解}: x=\frac{-b\pm\sqrt{b^2-4ac}}{2a}$$

連立2元1次方程式

$$\begin{cases} a_1x+b_1y+c_1=0 \\ a_2x+b_2y+c_2=0 \end{cases}$$

$$\text{解}: \begin{cases} x=-\dfrac{1}{\varDelta}\begin{vmatrix} c_1 & b_1 \\ c_2 & b_2 \end{vmatrix}=\dfrac{b_1c_2-b_2c_1}{a_1b_2-a_2b_1} \\ y=-\dfrac{1}{\varDelta}\begin{vmatrix} a_1 & c_1 \\ a_2 & c_2 \end{vmatrix}=\dfrac{c_1a_2-c_2a_1}{a_1b_2-a_2b_1} \\ \varDelta=\begin{vmatrix} a_1 & b_1 \\ a_2 & b_2 \end{vmatrix}=a_1b_2-a_2b_1 \end{cases}$$

連立3元1次方程式

$$\begin{cases} a_1x+b_1y+c_1z+d_1=0 \\ a_2x+b_2y+c_2z+d_2=0 \\ a_3x+b_3y+c_3z+d_3=0 \end{cases}$$

$$x=-\frac{1}{\varDelta}\begin{vmatrix} d_1 & b_1 & c_1 \\ d_2 & b_2 & c_2 \\ d_2 & b_3 & c_3 \end{vmatrix} \qquad y=-\frac{1}{\varDelta}\begin{vmatrix} a_1 & d_1 & c_1 \\ a_2 & d_2 & c_2 \\ a_3 & d_3 & c_3 \end{vmatrix}$$

$$z=-\frac{1}{\varDelta}\begin{vmatrix} a_1 & b_1 & d_1 \\ a_2 & b_2 & d_2 \\ a_3 & b_3 & d_3 \end{vmatrix} \qquad \varDelta=\begin{vmatrix} a_1 & b_1 & c_1 \\ a_2 & b_2 & c_2 \\ a_3 & b_3 & c_3 \end{vmatrix}$$

対　数

$$\log_a a=1 \qquad \log_a 1=0$$

$$\log_a xy=\log_a x+\log_a y \qquad \log_a \frac{x}{y}=\log_a x-\log_a y$$

$$\log_a x^n=n\log_a x \qquad \log_a \sqrt[n]{x}=\frac{1}{n}\log_a x$$

$$\log_b a=\log_c a/\log_c b \qquad \log_b a\log_a b=1$$

$$\log_{10} x=\log_{10}\varepsilon\log_\varepsilon x \qquad \log_\varepsilon x=\log_\varepsilon 10\log_{10}x$$

$$\log_{10}\varepsilon=0.434294 \qquad \log_\varepsilon 10=2.30259$$

$$\varepsilon=2.71828$$

複素数

$$j=\sqrt{-1} \qquad j^2=-1$$

$\dot{Z}=x+jy$　　　$\dot{Z}=Z(\cos\theta+j\sin\theta)=Z\varepsilon^{j\theta}$

$Z=|\dot{Z}|=\sqrt{x^2+y^2}$　　　$\theta=\arg\dot{Z}=\tan^{-1}\dfrac{y}{x}$

$\dot{Z}_1=x_1+jy_1=Z_1\varepsilon^{j\theta_1}$　　　$\dot{Z}_2=x_2+jy_2=Z_2\varepsilon^{j\theta_2}$

$\dot{Z}_1\pm\dot{Z}_2=(x_1\pm x_2)+j(y_1\pm x_2)$

$\dot{Z}_1\dot{Z}_2=Z_1Z_2\varepsilon^{j(\theta_1+\theta_2)}=Z_1Z_2\{\cos(\theta_1+\theta_2)+j\sin(\theta_1+\theta_2)\}$

$\dot{Z}_1/\dot{Z}_2=(Z_1/Z_2)\varepsilon^{j(\theta_1-\theta_2)}=(Z_1/Z_2)\{\cos(\theta_1-\theta_2)+j\sin(\theta_1-\theta_2)\}$

$\dot{Z}^n=Z^n\varepsilon^{jn\theta}$　　　$\sqrt[n]{\dot{Z}}=\sqrt[n]{Z}\,\varepsilon^{j\theta/n}$

$j=\varepsilon^{j\frac{\pi}{2}}$　　　$-1=\varepsilon^{j\pi}$

(ii)　三角法

$\sin^2A+\cos^2A=1$

$1+\tan^2A=\sec^2A=\dfrac{1}{\cos^2A}$　　　$1+\cot^2A=\operatorname{cosec}^2A=\dfrac{1}{\sin^2A}$

$\sin(-A)=-\sin A$　　$\cos(-A)=\cos A$　　$\tan(-A)=-\tan A$

$\sin(90°-A)=\cos A$　　$\cos(90°-A)=\sin A$　　$\tan(90°-A)=\cot A$

$\sin(180°-A)=\sin A$　　$\cos(180°-A)=-\cos A$　　$\tan(180°-A)=-\tan A$

$$\sin(A\pm B)=\sin A\cos B\pm\cos A\sin B$$

$$\cos(A\pm B)=\cos A\cos B\mp\sin A\sin B$$

$$\tan(A\pm B)=\frac{\tan A\pm\tan B}{1\mp\tan A\tan B}$$

$$\sin A\cos B=\frac{1}{2}\{\sin(A+B)+\sin(A-B)\}$$

$$\sin A\sin B=\frac{1}{2}\{\cos(A-B)-\cos(A+B)\}$$

$\sin^2A=\dfrac{1}{2}(1-\cos 2A)$　　　$\cos^2A=\dfrac{1}{2}(1+\cos 2A)$

$\sin^3A=\dfrac{1}{4}(3\sin A-\sin 3A)$　　　$\cos^3A=\dfrac{1}{4}(3\cos A+\cos 3A)$

$\sin x=\dfrac{\varepsilon^{jx}-\varepsilon^{-jx}}{2j}$　　　$\cos x=\dfrac{\varepsilon^{jx}+\varepsilon^{-jx}}{2}$

$1\,\mathrm{rad}=57.296°$ $\quad$ $1°=1.7453\times10^{-2}\,\mathrm{rad}$

(iii) 展開式

$$f(x)=f(a)+\frac{x-a}{1!}f'(a)+\frac{(x-a)^2}{2!}f''(a)+\cdots\cdot$$

$$f(x+h)=f(x)+\frac{h}{1!}f'(x)+\frac{h^2}{2!}f''(x)+\cdots\cdot$$

$$\varepsilon^x=1+\frac{x}{1!}+\frac{x^2}{2!}+\frac{x^3}{3!}+\cdots\cdot$$

$$(1+x)^n=1+nx+\frac{n(n-1)}{2!}x^2+\frac{n(n-1)(n-2)}{3!}x^3+\cdots,\ (x^2<1)$$

$$\log_\varepsilon(1+x)=x-\frac{x^2}{2}+\frac{x^3}{3}-\cdots\cdot,\ (-1<x\leqq1)$$

$$\sin x=x-\frac{x^3}{3!}+\frac{x^5}{5!}-\cdots\cdot$$

$$\cos x=1-\frac{x^2}{2!}+\frac{x^4}{4!}-\cdots\cdot$$

$$\tan x=x+\frac{x^3}{3}+\frac{2x^5}{15}+\frac{17x^7}{315}+\cdots\cdot,\ \left(x^2<\frac{\pi^2}{4}\right)$$

(iv) 微分

$$d(uv)=udv+vdu \qquad d\left(\frac{u}{v}\right)=\frac{vdu-udv}{v^2}$$

$$d(x^n)=nx^{n-1}dx$$

$$d(\sin x)=\cos x\,dx \qquad d(\cos x)=-\sin x\,dx$$

$$d(\tan x)=\sec^2 x\,dx \qquad d(\cot x)=-\mathrm{cosec}^2 x\,dx$$

$$d(\sec x)=\tan x\sec x\,dx \qquad d(\mathrm{cosec}\,x)=-\cot x\,\mathrm{cosec}\,x\,dx$$

$$d(\varepsilon^x)=\varepsilon^x dx \qquad d(a^x)=a^x\log_\varepsilon a\,dx$$

$$d(\log_\varepsilon x)=\frac{dx}{x} \qquad d(\log_a x)=\frac{dx}{x}\log_a\varepsilon$$

$$d(\sin^{-1}x)=\frac{dx}{\sqrt{1-x^2}} \qquad d(\cos^{-1}x)=-\frac{dx}{\sqrt{1-x^2}}$$

$$d(\tan^{-1}x)=\frac{dx}{1+x^2} \qquad d(\cot^{-1}x)=-\frac{dx}{1+x^2}$$

$$d(\sec^{-1}x)=\frac{dx}{x\sqrt{x^2-1}} \qquad d(\mathrm{cosec}^{-1}x)=-\frac{dx}{x\sqrt{x^2-1}}$$

$$d(x^x)=x^x(\log_\varepsilon x+1)dx$$

（v）積　分

$$\int udv=uv-\int vdu$$

$$\int x^n dx=x^{n+1}/(n+1),\ (n\neq -1) \qquad \int\frac{dx}{x}=\log_\varepsilon|x|$$

$$\int\frac{dx}{1+x^2}=\tan^{-1}x,\quad -\cot^{-1}x \qquad \int\frac{dx}{\sqrt{1-x^2}}=\sin^{-1}x,\quad -\cos^{-1}x$$

$$\int\frac{dx}{x\sqrt{x^2-1}}=\sec^{-1}x,\quad -\mathrm{cosec}^{-1}x$$

$$\int \varepsilon^x dx=\varepsilon^x \qquad \int a^x dx=\frac{a^x}{\log_\varepsilon a},\ (a>0,\ a\neq 1)$$

$$\int \sin x dx=-\cos x \qquad \int \cos x\, dx=\sin x$$

$$\int \tan x dx=-\log|\cos x| \qquad \int \cot x\, dx=\log|\sin x|$$

$$\int \mathrm{cosec}\, x dx=\log_\varepsilon\left|\tan\frac{x}{2}\right| \qquad \int \sec x dx=\log_\varepsilon\left|\tan\left(\frac{\pi}{4}+\frac{x}{2}\right)\right|=\frac{1}{2}\log_\varepsilon\frac{1+\sin x}{1-\sin x}$$

$$\int \sec^2 x dx=\tan x \qquad \int \mathrm{cosec}^2 x dx=-\cot x$$

4. 三角関数表

その 1

度	sin	cos	tan	cot	
0°00′	0.0000	1.0000	0.0000	∞	90°00′
10	.0029	.0000	.0029	343.77	50
20	.0058	.0000	.0058	171.89	40
30	.0087	.0000	.0087	114.59	30
40	.0116	.9999	.0116	85.940	20
50	.0145	.9999	.0145	68.750	10
1°00′	0.0175	0.9998	0.0175	57.290	89°00′
10	.0204	.9998	.0204	49.104	50
20	.0233	.9997	.0233	42.964	40
30	.0262	.9997	.0262	38.188	30
40	.0291	.9996	.0291	34.368	20
50	0320	.9995	0320	31.242	10
2°00′	0.0349	0.9994	0.0349	28.636	88°00′
10	.0378	.9993	.0378	26.432	50
20	0407	.9992	.0407	24.542	40
30	0436	.9990	.0437	22.904	30
40	.0465	.9989	.0466	21.470	20
50	0494	.9988	0495	20.206	10
3°00′	0.0523	0.9986	0.0524	19.081	87°00′
10	.0552	.9985	.0553	18.075	50
20	.0581	.9983	.0582	17.169	40
30	.0610	.9981	.0612	16.350	30
40	.0640	.9980	.0641	15.605	20
50	.0669	.9978	.0670	14.924	10
4°00′	0.0698	0.9976	0.0699	14.301	86°00′
10	.0727	.9974	.0729	13.727	50
20	.0756	.9971	.0758	13.197	40
30	.0785	.9969	.0787	12.706	30
40	.0814	.9967	.0816	12.251	20
50	0843	9964	.0846	11.826	10
5°00′	0.0872	0.9962	0.0875	11.430	85°00′
10	.0901	.9959	.0904	11.059	50
20	.0929	.9957	.0934	10.712	40
30	.0958	.9954	.0963	10.385	30
40	.0987	.9951	.0992	10.078	20
50	.1016	9948	.1022	9.7882	10
6°00′	0.1045	0.9945	0.1051	9.5144	84°00′
10	.1074	.9942	.1080	9.2553	50
20	.1103	.9939	.1110	9.0098	40
30	.1132	.9936	.1139	8.7769	30
40	1161	.9932	.1169	8.5555	20
50	1190	9929	.1198	8.3450	10
7°00′	0.1219	0.9925	0.1228	8.1443	83°00′
10	.1248	.9922	.1257	7.9530	50
20	.1276	.9918	.1287	7.7704	40
	cos	sin	cot	tan	度

度	sin	cos	tan	cot	
7°30′	0.1305	0.9914	0.1317	7.5958	83°30′
40	.1334	.9911	.1346	7.4287	20
50	.1363	.9907	.1376	7.2687	10
8°00′	0.1392	0.9903	0.1405	7.1154	82°00′
10	.1421	.9899	.1435	6.9682	50
20	.1449	.9894	.1465	6.8269	40
30	.1478	.9890	.1495	6.6912	30
40	.1507	.9886	.1524	6.5606	20
50	.1536	.9881	.1554	6.4348	10
9°00′	0.1564	0.9877	0.1584	6.3138	81°00′
10	.1593	.9872	.1614	6.1970	50
20	.1622	.9868	.1644	6.0844	40
30	.1650	.9863	.1673	5.9758	30
40	.1679	.9858	.1703	5.8708	20
50	.1708	.9853	.1733	5.7694	10
10°00′	0.1736	0.9848	0.1763	5.6713	80°00′
10	.1765	.9843	.1793	.5764	50
20	.1794	.9838	.1823	.4845	40
30	.1822	.9833	.1853	.3955	30
40	.1851	.9827	.1883	.3093	20
50	.1880	.9822	.1914	.2257	10
11°00′	0.1908	0.9816	0.1944	5.1446	79°00′
10	.1937	.9811	.1974	.0658	50
20	.1965	.9805	.2004	4.9894	40
30	.1994	.9799	.2035	.9152	30
40	.2022	.9793	.2065	.8430	20
50	.2051	9787	.2095	.7729	10
12°00′	0.2079	0.9781	0.2126	4.7046	78°00′
10	.2108	.9775	.2156	.6382	50
20	.2136	.9769	.2186	.5736	40
30	.2164	.9763	.2217	.5107	30
40	.2193	.9757	.2247	.4494	20
50	.2221	.9750	.2278	3397	10
13°00′	0.2250	0.9744	0.2309	4.3315	77°00′
10	.2278	.9737	.2339	.2747	50
20	.2306	.9730	.2370	.2193	40
30	.2334	.9724	.2401	.1653	30
40	.2363	.9717	.2432	.1126	20
50	.2391	.9710	.2462	.0611	10
14°00′	0.2419	0.9703	0.2493	4.0108	76°00′
10	.2447	.9696	.2524	3.9617	50
20	.2476	.9689	.2555	.9136	40
30	.2504	.9681	.2586	.8667	30
40	.2532	.9674	.2617	.8208	20
50	.2560	.9667	.2648	.7760	10
	cos	sin	cot	tan	度

その 2

度	sin	cos	tan	cot	
15°00′	0.2588	0.9659	0.2679	3.7321	75°00′
10	.2616	.9652	.2711	.6891	50
20	.2644	.9644	.2742	.6470	40
30	.2672	.9636	.2773	.6059	30
40	.2700	.9628	.2805	.5656	20
50	.2728	.9621	.2836	.5261	10
16°00′	0.2756	0.9613	0.2867	3.4874	74°00′
10	.2784	.9605	.2899	.4495	50
20	.2812	.9596	.2931	.4124	40
30	.2840	.9588	.2962	.3579	30
40	.2868	.9580	.2994	.3402	20
50	.2896	.9572	.3026	.3052	10
17°00′	0.2924	0.9563	0.3057	3.2709	73°00′
10	.2952	.9555	.3089	.2371	50
20	.2979	.9546	.3121	.2041	40
30	.3007	.9537	.3153	.1716	30
40	.3035	.9528	.3185	.1397	20
50	.3062	.9520	.3217	.1084	10
18°00′	0.3090	0.9511	0.3249	3.0777	72°00′
10	.3118	.9502	.3281	.0475	50
20	.3145	.9492	.3314	.0178	40
30	.3173	.9483	.3346	2.9887	30
40	.3201	.9474	.3378	.9600	20
50	.3228	.9465	.3411	.9319	10
19°00′	0.3256	0.9455	0.3443	2.9042	71°00′
10	.3283	.9446	.3476	.8770	50
20	.3311	.9436	.3508	.8502	40
30	.3338	.9426	.3541	.8239	30
40	.3365	.9417	.3574	.7980	20
50	.3393	.4907	.3607	.7725	10
20°00′	0.3420	0.9397	0.3640	2.7475	70°00′
10	.3448	.9387	.3673	.7228	50
20	.3475	.9377	.3706	.6985	40
30	.3502	.9367	.3739	.6746	30
40	.3529	.9356	.3772	.6511	20
50	.3557	.9346	.3805	.6279	10
21°00′	0.3584	0.9336	0.3839	2.6051	69°00′
10	.3611	.9325	.3872	.5826	50
20	.3638	.9315	.3906	.5605	40
30	.3665	.9304	.3939	.5386	30
40	.3692	.9293	.3973	.5172	20
50	.3719	.9283	.4006	.4960	10
22°00′	0.3746	0.9272	0.4040	2.4751	68°00′
10	.3773	.9261	.4074	.4545	50
20	.3800	.9250	.4108	.4342	40
	cos	sin	cot	tan	度

度	sin	cos	tan	cot	
22°30′	0.3827	0.9239	0.4142	2.4142	68°30′
40	.3854	.9228	.4176	.3945	20
50	.3881	.9216	.4210	.3750	10
23°00′	0.3907	0.9205	0.4245	2.3559	67°00′
10	.3934	.9194	.4279	.3369	50
20	.3961	.9182	.4314	.3183	40
30	.3987	.9171	.4348	.2998	30
40	.4014	.9159	.4383	.2817	20
50	.4041	.9147	.4417	.2637	10
24°00′	0.4067	0.9135	0.4452	2.2460	66°00′
10	.4094	.9124	.4487	.2286	50
20	.4120	.9112	.4522	.2113	40
30	.4147	.9100	.4557	.1943	30
40	.4173	.9088	.4592	.1775	20
50	.4200	.9075	.4628	.1609	10
25°00′	0.4226	0.9063	0.4663	2.1445	65°00′
10	.4253	.9051	.4699	.1283	50
20	.4279	.9038	.4734	.1123	40
30	.4305	.9026	.4770	.0965	30
40	.4331	.9013	.4806	.0809	20
50	.4358	.9001	.4841	.0655	10
26°00′	0.4384	0.8988	0.4877	2.0503	64°00′
10	.4410	.8975	.4913	.0353	50
20	.4436	.8962	.4950	.0204	40
30	.4462	.8949	.4986	.0057	30
40	.4488	.8936	.5022	1.9912	20
50	.4514	.8923	.5059	.9768	10
27°00′	0.4540	0.8910	0.5095	1.9626	63°00′
10	.4566	.8897	.5132	.9486	50
20	.4592	.8884	.5169	.9347	40
30	.4617	.8870	.5206	.9210	30
40	.4643	.8857	.5243	.9074	20
50	.4669	.8843	.5280	.8940	10
28°00′	0.4695	0.8829	0.5317	1.8807	62°00′
10	.4720	.8816	.5354	.8676	50
20	.4746	.8802	.5392	.8546	40
30	.4772	.8788	.5430	.8418	30
40	.4797	.8774	.5467	.8291	20
50	.4823	.8760	.5505	.8165	10
29°00′	0.4848	0.8746	0.5543	1.8040	61°00′
10	.4874	.8732	.5581	.7917	50
20	.4899	.8718	.5619	.7796	40
30	.4924	.8704	.5658	.7675	30
40	.4950	.8689	.5696	.7556	20
50	.4975	.8675	.5735	.7437	10
	cos	sin	cot	tan	度

その 3

度	sin	cos	tan	cot	
30°00′	0.5000	0.8660	0.5774	1.7321	60°00′
10	.5025	.8646	.5812	.7205	50
20	.5050	.8631	.5851	.7090	40
30	.5075	.8616	.5890	.6977	30
40	.5100	.8601	.5930	.6864	20
50	.5125	.8587	.5969	.6753	10
31°00′	0.5150	0.8572	0.6009	1.6643	59°00′
10	.5175	.8557	.6048	.6534	50
20	.5200	.8542	.6088	.6426	40
30	.5225	.8526	.6128	.6319	30
40	.5250	.8511	.6168	.6212	20
50	.5275	.8496	.6208	.6107	10
32°00′	0.5299	0.8480	0.6249	1.6003	58°00′
10	.5324	.8465	.6289	.5900	50
20	.5348	.8450	.6330	.5798	40
30	.5373	.8434	.6371	.5697	30
40	.5398	.8418	.6412	.5597	20
50	.5422	.8403	.6453	.5497	10
33°00′	0.5446	0.8387	0.6494	1.5399	57°00′
10	.5471	.8371	.6536	.5301	50
20	.5495	.8355	.6577	.5204	40
30	.5519	.8339	.6619	.5108	30
40	.5544	.8323	.6661	.5013	20
50	.5568	.8307	.6703	.4919	10
34°00′	0.5592	0.8290	0.6745	1.4826	56°00′
10	.5616	.8274	.6787	.4733	50
20	.5640	.8258	.6830	.4641	40
30	.5664	.8241	.6873	.4550	30
40	.5688	.8225	.6916	.4460	20
50	.5712	.8208	.6959	.4370	10
35°00′	0.5736	0.8192	0.7002	1.4281	55°00′
10	.5760	.8175	.7046	.4193	50
20	.5783	.8158	.7089	.4106	40
30	.5807	.8141	.7133	.4019	30
40	.5831	.8124	.7177	.3934	20
50	.5854	.8107	.7221	.3848	10
36°00′	0.5878	0.8090	0.7265	1.3764	54°00′
10	.5901	.8073	.7310	.3680	50
20	.5925	.8056	.7355	.3597	40
30	.5948	.8039	.7400	.3514	30
40	.5972	.8021	.7445	.3432	20
50	.5995	.8004	.7490	.3351	10
37°00′	0.6018	0.7986	0.7536	1.3270	53°00′
10	.6041	.7969	.7581	.3190	50
20	.6065	.7951	.7627	.3111	40
	cos	sin	cot	tan	度

度	sin	cos	tan	cot	
37°30′	0.6088	0.7934	0.7673	1.3032	53°30′
40	.6111	.7916	.7720	.2954	20
50	.6134	.7898	.7766	.2876	10
38°00′	0.6157	0.7880	0.7813	1.2799	52°00′
10	.6180	.7862	.7860	.2723	50
20	.6202	.7844	.7907	.2647	40
30	.6225	.7826	.7954	.2572	30
40	.6248	.7808	.8002	.2497	20
50	.6271	.7790	.8050	.2423	10
39°00′	0.6293	0.7771	0.8098	1.2349	51°00′
10	.6316	.7753	.8146	.2276	50
20	.6338	.7735	.8195	.2203	40
30	.6361	.7716	.8243	.2131	30
40	.6383	.7698	.8292	.2059	20
50	.6406	.7679	.8342	.1988	10
40°00′	0.6428	0.7660	0.8391	1.1918	50°00′
10	.6450	.7642	.8441	.1847	50
20	.6472	.7623	.8491	.1778	40
30	.6494	.7604	.8541	.1708	30
40	.6517	.7585	.8591	.1640	20
50	.6539	.7566	.8642	.1571	10
41°00′	0.6561	0.7547	0.8693	1.1504	49°00′
10	.6583	.7528	.8744	.1436	50
20	.6604	.7509	.8796	.1369	40
30	.6626	.7490	.8847	.1303	30
40	.6648	.7470	.8899	.1237	20
50	.6670	.7451	.8952	.1171	10
42°00′	0.6691	0.7431	0.9004	1.1106	48°00′
10	.6713	.7412	.9057	.1041	50
20	.6734	.7392	.9110	.0977	40
30	.6756	.7373	.9163	.0913	30
40	.6777	.7353	.9217	.0850	20
50	.6799	.7333	.9271	.0786	10
43°00′	0.6820	0.7314	0.9325	1.0724	47°00′
10	.6841	.7294	.9380	.0661	50
20	.6862	.7274	.9435	.0599	40
30	.6884	.7254	.9490	.0538	30
40	.6905	.7234	.9545	.0477	20
50	.6926	.7214	.9601	.0416	10
44°00′	0.6947	0.7193	0.9657	1.0355	46°00′
10	.6967	.7173	.9713	.0295	50
20	.6988	.7153	.9770	.0235	40
30	.7009	.7133	.9827	.0176	30
40	.7030	.7112	.9884	.0117	20
50	.7050	.7092	.9942	.0058	10
45°00′	0.7071	0.7071	1.0000	1.0000	45°00′
	cos	sin	cot	tan	度

索　引

ア

イ

ウ

エ

オ

カ

キ

—終　り—

電気工学の基礎
1963 年 11 月 20 日　第 1 版第 1 刷発行
2001 年 6 月 20 日　第 1 版第 32 刷発行
2023 年 9 月 15 日　第 2 版第 1 刷発行
著 作 者　入江冨士夫（いりえふじお）
発 行 者　及川雅司

発 行 所　株式会社 養賢堂　〒113-0033
東京都文京区本郷 5 丁目 30 番 15 号
電話 03-3814-0911 ／ FAX 03-3812-2615
https://www.yokendo.com/

印刷・製本：新日本印刷株式会社
用紙：竹尾
本文：淡クリームキンマリ・46.5kg
表紙：表紙：OK エルカード＋・19.5 kg

PRINTED IN JAPAN　ISBN 978-4-8425-0601-2 C3054